甜甜圈聖經

The Donut Book

瑞昇文化

正中間有個洞孔的可愛形狀。口感香甜、濕潤又濃郁，而且還有各式各樣的表面裝飾配料。稍微回想一下，像甜甜圈這麼受到世人喜愛的甜點或許並不多。

1970年來自美國的大型甜甜圈連鎖店進軍日本，一般認為就是在這時候，日本迎來初次的甜甜圈熱潮。在這之後，大約每隔10年就會出現不同類型的甜甜圈並掀起一波熱潮，而這也儼然成了一種趨勢。

如今有越來越多店家以過往所沒有的嶄新角度，致力於開發各類甜甜圈。不僅咖啡廳、咖啡館會供應自製手工甜甜圈餐點，多數烘焙坊或法式甜點店等各類餐飲店裡也都看得到甜甜圈的身影。也就是說，現在日本的甜甜圈迎來了最顛峰的時刻，大家能夠盡情享用各種類型的美味甜甜圈。

本書前往各家甜甜圈專賣店、烘焙坊和法式甜點店進行採訪，將目前最美味的甜甜圈彙整成冊。

甜甜圈的世界看似狹小，種類卻多到令人驚艷。希望這本書對想要打造獨一無二美味甜甜圈的您能有所幫助。

CONTENTS

LESSON 1
甜甜圈的種類　6

LESSON 2
甜甜圈的主要原料　8

LESSON 3
酵母甜甜圈的製作過程與器具　10

LESSON 4
甜甜圈專賣店的包裝與陳列　12

LESSON 5
基於科學觀點！
酵母甜甜圈的Q&A　14

CHAPTER 1
甜甜圈專賣店的食譜與經營

甜甜圈專賣店的原味甜甜圈　20

Doughnut Mori　22
原味甜甜圈　24
原創糖釉甜甜圈　28
開心果糖釉甜甜圈　30
覆盆子糖釉甜甜圈　31
烤番薯馬斯卡彭起司甜甜圈　32
Doughnut Mori的店鋪經營　34

SUNDAY VEGAN　36
純素可可圓形甜甜圈　38
米粉甜甜圈　42
紅蘿蔔甜甜圈　46
莓果可可甜甜圈　48
檸檬風味甜甜圈　50
SUNDAY VEGAN的店鋪經營　52

HUGSY DOUGHNUT　54
原味甜甜圈　56
龍造型甜甜圈　59
心之女王甜甜圈　62
楓糖培根甜甜圈　63
火箭香蕉甜甜圈　64
HUGSY DOUGHNUT的店家經營　66

SUPER SPECIAL DOUGHNUT　68
貝奈特　70
香草貝奈特　74
巧克力貝奈特　77
覆盆子開心果甜甜圈　78
咖啡貝奈特搭日本栗的盤式甜點　80
開心果貝奈特vs莓果百匯　82
SUPER SPECIAL DOUGHNUT的店鋪經營　84

NAGMO DONUTS　86
歐菲香甜甜圈　88
鹽味焦糖甜甜圈　93
提拉米蘇奶油甜甜圈　94
抹茶檸檬風味甜甜圈　96
白巧克力葛雷伯爵茶風味甜甜圈　97
NAGMO DONUTS的店鋪經營　98

HOCUSPOCUS　100
可麗餅脆片甜甜圈　102
波倫塔甜甜圈　105
荔枝葡萄柚甜甜圈　106
印度奶茶風味甜甜圈　108
黃豆粉薰衣草風味甜甜圈　110
HOCUSPOCUS的店鋪經營　112

**I'm donut ? 的
麵團與甜甜圈種類**　114

CHAPTER 2
結合烘焙坊與法式甜點的
特別甜甜圈

麵包坊傳授　酵母甜甜圈的製作方法
KISO 的 LAND 甜甜圈　122

麵包坊傳授　蛋糕甜甜圈和可頌甜甜圈的製作方法
**Boulangerie Django 的
蘋果西打甜甜圈和丹麥甜甜圈**　126

法式甜點店傳授　泡芙甜甜圈的製作方法
EN VEDETTE 的法蘭奇甜甜圈　132

CHAPTER 3
深入研究炸麵包的麵團

Pain Stock　成熟大人風味甜甜圈　140

TOLO PAN TOKYO　生甜甜圈　142

BOULANGERIE LA TERRE　原味馬鈴薯甜甜圈　144

THE ROOTS neighborhood bakery　貝奈特　146

Boulangerie Bonheur　原味Q彈甜甜圈　148

C'EST UNE BONNE IDÉE!　原味馬拉薩達（夏威夷甜甜圈）　150

LESSON 1

甜甜圈的種類

根據膨脹條件、使用的原料、麵團製作方法等不同要件進行大致上的分類，而製作過程與麵團口感也會因此截然不同。

酵母甜甜圈
YEAST DONUT

酵母作用下使麵團裡的氣泡於油炸時受熱膨脹，進而讓整個麵團一起膨脹的類型。使用和麵包麵團相同的原料，以及相同的製作過程。酵母甜甜圈的口感豐富，包含鬆軟輕盈或紮實有嚼勁。主要形狀為圓圈狀，但法式甜甜圈貝奈特和夏威夷甜甜圈馬拉薩達等則為標準的圓形。圓形款可在麵團裡填入果醬或奶油等五花八門的創意食材，另外，也可以透過對內餡的巧思安排，將甜甜圈打造成高價位產品。其中填入奶油的奶油甜甜圈更是深得人心。

蛋糕甜甜圈
CAKE DONUT

大家耳熟能詳的歐菲香甜甜圈（Old-Fashioned Doughnut）就歸類於蛋糕甜甜圈。特徵是外皮酥脆，內層濕潤。製作時通常會添加泡打粉，主要製作方式類似鬆餅，將小麥麵粉、雞蛋、乳製品或豆漿等混合在一起，最後再添加液態狀植物油的奶油攪拌在一起。除了透過泡打粉使麵團膨脹，也因為麵團裡的水分在高溫加熱後變成水蒸氣，使得麵團體積進一步膨脹。以油炸方式處理外，也可以使用圓圈狀模具製作成烤甜甜圈或蒸甜甜圈。

其他種類的甜甜圈
OTHER DONUT

泡芙甜甜圈
CHOUX DONUT

如同製作泡芙外皮，麵團先煮後油炸。不使用酵母，也不使用泡打粉，完全依靠麵團中的水分因受熱而膨脹。特色是宛如麵包的外皮薄而輕盈，內層濕潤柔軟。法蘭奇甜甜圈就屬於這種類型。

丹麥甜甜圈

將奶油包入發酵麵團中，製作丹麥酥餅麵團，然後再進行油炸。過去曾以可頌甜甜圈之名刮起一陣流行風潮。

無麩質甜甜圈

為了因應時代的需求，有些店家開始製作不使用小麥麵粉的甜甜圈。主要使用米粉或玉米粉（Polenta）。

純素甜甜圈

雖然目前市場上沒有太多店家專賣只用植物性食材製作的甜甜圈，但這類型商品還是有一定的市場需求。然而要創造出所有人都能接受的純素風味，需要高超的技術。

生甜甜圈

指的是口感濕潤的高含水量麵團所製作的甜甜圈。生甜甜圈一開始是「I'm donut?」（P.114～120）這家店的招牌商品，後來以此為名廣為人知。該店還有另外一款甜甜圈，是將烘烤過的南瓜揉入高含水量的布里歐麵團裡，然後以高溫短時的方式油炸，打造特殊口感。開發這些食譜的人除了老闆平子良太先生，還有「PAIN STOCK」（P.130～131）的老闆主廚平山哲夫先生，以及當時是PAIN STOCK的員工，但目前是KISO老闆主廚的加藤耕平先生（P.122～125）。

LESSON 2

甜甜圈的主要原料

為了打造理想中的口感與味道，甜甜圈麵團裡通常會添加各種食材，這裡僅列舉一些較具代表性的原料。

小麥麵粉
FLOUR

製作酵母甜甜圈時，主要使用高筋麵粉，但有些店家也會混合使用低筋麵粉。如同製作麵包，最重要的是根據想要打造的味道、口感、麵團膨脹程度等條件去選購原料商品。除此之外，多費點心思在攪拌上，也有助於發揮該原料商品的特色。例如，確實攪拌至產生麩質，打造Q彈口感，抑或是不要過度攪拌至產生麩質，透過抑制膨脹程度以打造紮實口感，這些都能透過攪拌加以調整，並且藉此創作出更多樣化的甜甜圈。

油脂
OIL

為了讓甜甜圈充滿濃郁風味，油脂是不可或缺的重要成分。製作甜甜圈時多半使用奶油或酥油，但有時也會使用椰子油等植物性液體油脂。奶油的優點在於其獨特的香氣與風味，部分店家為了追求味道的豐富性，甚至會使用高價的法國產發酵奶油。甜甜圈價格之所以日漸高漲，就是因為原料品質的提升直接反應在價格上的關係。另外，由於奶油風味普遍較為濃厚，有些店家會使用酥油來製作口感輕盈的甜甜圈，而部分店家甚至混合使用這2種油脂，以追求和諧的香氣與味道。除此之外，考量健康等因素，越來越多店家使用零反式脂肪或低反式脂肪的酥油來製作甜甜圈，甚至主打全部使用有機原料製作的甜甜圈。希望完全使用植物性原料，或者追求輕盈口感的情況下，則可以使用以豆漿為原料的豆乳奶油或植物油。

乳製品
DAIRY

甜甜圈的內餡較為濃郁時，搭配的麵團在成分上通常相對單純，但部分店家追求製作充滿濃郁風味的麵團，所以他會使用牛奶或鮮奶油等乳製品，如果想要打造輕盈風味且口感Q彈，則選擇使用豆漿。

雞蛋
EGG

如同油脂和乳製品，雞蛋也是增添麵團鮮美風味的關鍵成分之一。然而蛋白比例越高，麵團越乾燥，現代人多半偏好濕潤口感，所以務必多留意這一點。想要改善麵團太乾的問題，可以嘗試增加蛋黃比例，或者使用加糖的蛋黃來提升濕潤度。

酵母、泡打粉
YEAST, BAKING POWDER

由於甜甜圈含糖量相對較高，所以多半會使用高糖酵母來製作麵團。另一方面，製作蛋糕甜甜圈時會使用泡打粉，一些高價位的甜甜圈專賣店多半使用不含鋁的泡打粉。

發酵種
SOURDOUGH

製作發酵甜甜圈時，為了增加風味的層次感，通常會使用店家自行培養的魯班種（levain），或者搭配使用能夠延長甜甜圈彈牙口感的湯種、能夠製作入口即化口感的麴種，藉此調整麵團的pH值，也促使酵母菌發揮作用。使用不同的發酵種來製作理想中的甜甜圈風味與口感。雖然發酵種的使用量不多，但對於提升甜甜圈的味道與口感有著莫大影響。

LESSON 3

酵母甜甜圈的製作過程與器具

酵母甜甜圈、蛋糕甜甜圈和泡芙甜甜圈中，
製作酵母甜甜圈的店家最多。
這裡將針對酵母甜甜圈的製作過程和器具選用進行說明。

製作過程

攪拌
↓
分割・滾圓
↓
第一次發酵
↓
整形
↓
第二次發酵
↓
乾燥
↓
油炸
↓
裝飾收尾

攪拌

將所有原料揉和成麵團的作業。甜甜圈專賣店或烘焙坊由於製作量比較大，通常使用直立式攪拌機或螺旋式攪拌機，但如果只製作20～30個甜甜圈，可以使用桌上型攪拌機就好。大多數的作法是攪拌至一定程度並產生麩質後再倒入油脂，但如果要抑制產生麩質，保留嚼勁，則可以選擇將所有材料一次性全部倒入攪拌機的作法。

分割・滾圓 第一次發酵

可以整塊麵團進行第一次發酵，也可以分割並滾圓後再進行第一次發酵。多數店家都採用低溫長時間的發酵方式，這種方式的優點是麵團風味更具層次感，作業上也更有效率。就發酵器具來說，一般使用凍藏發酵箱、小型發酵箱或冷藏室，但也可以採用將裝有麵團的塑膠盒置於一鍋熱水上、將攪拌盆放在烤箱上等利用餘溫使麵團發酵的方法。

整形

絕大多數的情況下，不是調整成圓圈狀，就是球狀。整形成圓圈狀時，可以透過使用模具挖洞，或者將麵團延展成長條狀後連接成圓圈狀。採用模具挖洞的店家，通常會將挖出來的麵團油炸成小球，數顆裝成一盒並以「甜甜圈球」之名上架販售。

乾燥

發酵後的麵團在油炸之前會先靜置於常溫下，先讓麵團表面乾燥，油炸時就不會吸附過多油脂。

油炸

甜甜圈專賣店為了確保足夠的產量，通常需要一台大型油炸機。部分店家則是選用以瓦斯高溫加熱的機型。另外也有店家善用小型油炸機，頻繁油炸以隨時補足貨源，或者使用鐵鍋少量逐次油炸，各店家各有不同的因應對策。油炸用油方面，多數店家使用酥油，既可以將甜甜圈炸得酥脆，也比較不會顯得油膩。部分店家喜歡具有風味的菜籽油，部分店家則偏好味道較為溫和的玄米油。

其他相關器具

有些甜甜圈專賣店使用能夠同時完成分割・滾圓的專業設備，或者能夠同時進行滾圓與整形的製麵包機設備。除此之外，以麵包烘焙為主的甜甜圈專賣店，還會使用自製魯班種的專業設備。這些設備雖然能夠增加甜甜圈產量且提升品質，但引進設備時，還是必須同時考量店內空間與預算。

LESSON 4

甜甜圈專賣店的包裝與陳列

包裝即是廣告

不少人購買甜甜圈是為了送禮，所以包裝設計是傳遞店家獨特個性不可或缺的要件。各店家也都在實用與塑造品牌兩方面下足功夫。

Doughnut Mori

為了避免糖釉或表面配料脫落，每顆甜甜圈皆用塑膠袋單獨包裝。另外特別訂製直立式提袋，方便將甜甜圈以堆疊方式放入提袋中。

SUPER SPECIAL DOUGHNUT

先裝入防油紙袋中，若單買1個，便裝入塑膠袋中，若購買2個以上，則採用盒子包裝。包裝盒上印有店家商標。由於店家主打鮮奶油甜甜圈，所以店裡也同步販售獨家設計的保冷袋。

SUNDAY VEGAN

將甜甜圈放入防油紙袋中，扭緊袋口後再放入盒子裡。使用以甜甜圈為概念的貼紙封住紙盒。在確定使用這款簡單的包裝之前，曾經嘗試過無數次的設計與調整。

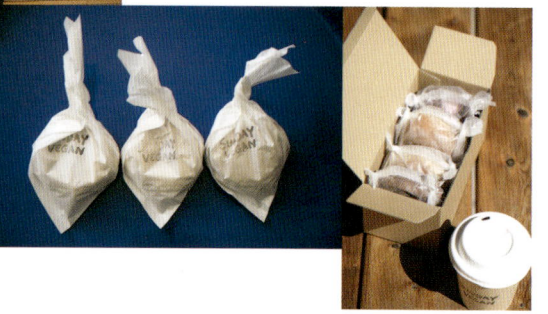

NAGMO DONUTS

設計非常簡單，天然牛皮紙袋上印有店家商標。由於事先分裝好，所以會附上一張清楚註明甜甜圈種類與數量的清單標示。

HUGSY DOUGHNUT

每個甜甜圈都以塑膠袋單獨包裝。獨家設計的塑膠袋上印有插畫家，同時也是老闆丈夫的HIRONORI先生手繪的插圖和店家商標。

HOCUSPOCUS

店家在提袋設計上下足功夫。最前面那個提袋的設計非常獨特，用一張本身就有提孔的包裝紙將盒子包起來，然後再以獨創的紙夾固定。大理石花紋既別緻又令人留下印象深刻。

I'm donut ?

客人多半是買來送禮，所以澀谷分店和福岡分店都特地備有送禮專用的禮盒。繫上黑色蝴蝶結，營造高雅質感。禮盒上印有大大的店名，相當引人注目。

LESSON 4

12

陳列　在主打產品銷售的甜甜圈專賣店裡，產品陳列是非常重要的一環。
打造令人想拍照留下紀念的棚架展示，還可以上傳至社群媒體作為一種宣傳方式。
產品陳列可說是攸關店家成名與否的重要門面。

Doughnut Mori

玻璃常溫展示櫃裡鋪設一層金色網子，再將甜甜圈以4個一排的方式整齊排列在網子上。由於店內顧客絡繹不絕，為了順利將甜甜圈交到客人手上，店內所有甜甜圈都用塑膠袋單獨包裝並置於展示櫃下方。奶油或鮮奶油內餡的甜甜圈等冷藏商品，展示櫃裡僅擺放樣品，其餘的則保存在店內後方的冷藏室中。

SUNDAY VEGAN

店裡沒有設置展示櫃，採用將甜甜圈直接擺放在器皿中的方式陳列。選用適合店內氛圍的器皿，而且所有器皿皆出自同一位藝術家，不僅在設計上具有一致性，透過不同顏色、形狀和花紋的器皿組合，營造時尚流行氛圍。另外，使用方形和圓柱狀的木塊墊高器皿，打造高低差的視覺效果，既可巧妙地引導顧客視線，也給予客人一種很自然健康的形象。

HUGSY DOUGHNUT

店家本身是一棟老宅，建築物內設有廚房和咖啡廳。建築物玄關處設有滑動窗和展示櫃，方便外帶顧客直接購買與取貨。這個販售區的後方就是廚房，廚房與販售區之間隔有一扇小窗，負責製作甜甜圈的妻子YUMI小姐和負責接待客人的HIRONORI先生，在營業中可以透過這扇小窗進行交流，互相協助並支援對方。

SUPER SPECIAL DOUGHNUT

店內沒有展示櫃，採用從窗口直接購買的攤位模式販售。窗口內的對側即為廚房，販售、備料、製作均由一人完成。由於沒有展示櫃，所以菜單上都會清楚標示招牌甜甜圈的味道，黑板上也會以插圖方式說明季節性商品。如果想要在店內享用，則由櫃臺右側方的入口進入店內。（實體店鋪於2024年5月歇業）

NAGMO DONUTS

活動擺攤時的展示。放甜甜圈的展示盒是委託長野縣上田當地的一位木工藝術家所製作。盒內的甜甜圈是樣品，僅供參考，玻璃蓋上用馬克筆標示品項和售價。圓圈狀的木製看板也是出自同一位木工藝術家。覆蓋桌台的布料是草木染藝術家的作品。木盒旁邊的籃子裡裝有甜甜圈球「mini donuts」供顧客選購。

HOCUSPOCUS

從店門一踏進去，迎面而來的是長條狀櫃臺，上面設有一整列玻璃展示櫃。種類不同的甜甜圈，2個為1組，種類相同的甜甜圈，則3個為1組擺放在木製托盤上，然後再放入展示櫃中。井然有序的排列更加突顯甜甜圈精緻的設計感，而使用木製托盤也更添一絲溫暖的感覺。使用顏色比較低調的器具，更加突顯甜甜圈的華麗感。

13

LESSON 5

基於科學觀點！酵母甜甜圈的 Q&A

酵母甜甜圈的製程相對簡單，
但材料和製作方法的些許差異會明顯影響甜甜圈的口感，這其實非常深奧。
接下來，將基於科學觀點，逐一為大家解說製作甜甜圈時的各種疑問。

何謂「油炸」？

```
水和油的置換現象
      ↓
  麵團裡的水分蒸發
      ↓
  蒸發部位形成空隙
      ↓
  高溫油填補了空隙
```

進行「油炸」過程時，食物中產生什麼樣科學變化呢？食物放入高溫油中，食物所含水分的溫度逐漸升高，進而從表面蒸發。原本是水分所在的空隙被高溫油填滿，進一步從內部空隙加熱食物。

以甜甜圈來說，這個現象主要發生在麵團表面。接觸高溫油的部分不僅只有外層，滲入內部空隙的高溫油也會從內部進行加熱，因此才能打造出酥脆口感。

Q1　什麼是沒有瀝乾油的狀態？

A1　沒有瀝乾油，通常容易被解釋為「麵團吸附過多油脂」，但實際上是麵團表面的「水和油置換現象」沒有順利進行，麵團表面殘留太多水，導致產生黏膩感覺。簡單說就是水分過多，油脂太少。

確實瀝乾油的炸物，多半會有酥鬆香脆的口感，這種質感來自於麵團表面的水分充分蒸發，而水分蒸發後產生的空隙則由高溫油滲入填補。除了麵團表面，高溫油也會進入麵團空隙的內部，進而將麵團內部也炸得鬆脆。瀝乾油的麵團給人一種鬆脆且輕盈的印象，但實際上，因高溫油滲入麵團內部，麵團內也會含有較多油脂。

除此之外，使用劣質油也容易給人沒有瀝乾油的感覺。油一旦變質，會發生聚合作用，導致分子彼此結合形成高分子聚合物，這也是油脂黏稠度變高的原因。如此一來，甜甜圈麵團裡的水分不容易在油裡擴散，進而造成「水與油的置換作用」無法順利進行。當含有聚合物的油脂如果附著在麵團表面，就容易給人沒有瀝乾油的感覺。

Q2　為什麼先讓表面乾燥再油炸，甜甜圈會變得比較不油膩？

A2　當麵團表面變乾燥，亦即表面所含水分減少，在這個狀態下油炸，即便產生「水與油置換現象」，滲入麵團內部的油量也會跟著減少，而且油炸後殘留於麵團表面的水分也會變少。這就是先讓麵團表面乾燥後再油炸，甜甜圈會顯得較不油膩的原因。

Q3 抑制發酵作用，
製作成較為紮實的麵團，
比起充分發酵製作成鬆軟的麵團，
油炸後比較不油膩，這是為什麼呢？

A3 　　充分發酵的麵團在發酵過程中容易產生大量二氧化碳氣泡，氣泡多的海綿組織在油炸時通常會吸附較多油脂。而結構較為紮實的麵團因表面氣泡少，接觸熱油的空隙相對較少，因此油炸後的甜甜圈比較不油膩。

Q4 將麵團放入熱油中油炸，
同樣單面依序加熱，
但下鍋後立即上下翻面
和不立即上下翻面，
這兩種方式會產生什麼樣的差異？

A4 　　麵團放入熱油中即翻面的話，兩面表皮會同時變硬，這樣油炸好的甜甜圈不僅膨脹幅度小，吸油率也較低。表面變硬後，內部的酵母持續發酵，麵團內產生的二氧化碳會從內向外擴散，導致麵團產生裂縫，這時候熱油從裂縫滲入內部，因此無法保證這種方法肯定能使甜甜圈變得比較不油膩。另一方面，先油炸好一面再翻面的方法，則因為起初未浸泡在油裡的那一面會大幅膨脹，進而導致吸油率提高。

Q5 使用酥油
和使用植物油等液體油脂，
油炸出來的甜甜圈有什麼不同？

A5 　　常溫下的酥油呈白色固體狀，加熱後變成液體狀，可以作為油炸用油。但酥油降溫後，又會再次凝固成固體狀。所以油炸好的甜甜圈冷卻後，因滲入麵團裡的酥油凝固，使得甜甜圈既不油膩，口感也更酥脆。
　　另一方面，液體狀油脂滲入麵團後，即便冷卻了依然呈現液體狀，因此相較於使用酥油油炸的甜甜圈，不僅容易有油膩感，表面也似乎被一層油脂包覆。但相較於酥油的無味無臭，玄米油和菜籽油等液體狀油脂因為具有原料本身的獨特風味，油炸後的甜甜圈別有一番風味。

Q6 麵團裡加雞蛋
會產生什麼效果？

A6 　　甜甜圈麵團裡添加雞蛋時，通常是全蛋或蛋黃，幾乎不會單獨使用蛋白。這裡的全蛋指的是蛋黃＋蛋白，接下來將為大家說明使用全蛋和只使用蛋黃，這兩者之間的差異。
　　如果只添加蛋黃，麵團會比較細緻且濕潤。麵團延展性佳，膨脹後看起來也比較有分量，即便放置一段時間，仍舊保有濕潤感，比較不容易變硬。而麵團之所以細嫩，是因為蛋黃成分中約1/3是脂質，含有具乳化作用的卵磷脂和脂蛋白。添加蛋黃並攪拌後，因卵磷脂等成分的乳化作用使麵團裡的油脂以油滴形狀分散至水分中，透過乳化作用使麵團變細嫩。另外，也因為油脂成分使麵團口感相對濕潤。膨脹後的體積大小同樣與上述的乳化作用、蛋黃裡的脂質有關。這兩個要素讓麵團變軟且具有延展性，進而更容易膨脹。
　　麵團濕潤不會變硬也是因為卵磷脂等成分的乳化作用。小麥麵粉所含的澱粉和水一起加熱後產生「糊化作用（α化）」，這使麵團變得有彈性且順利膨脹。但放置一段時間後，澱粉釋放水分並恢復原本的結構，這種現象稱為「澱粉的老化作用（β化）」，麵團因此變硬、變乾燥，這時候透過卵磷脂等成分的乳化作用使澱粉不容易產生老化作用，麵團也比較不會變硬變乾燥。但話說回來，如果使用過多雞蛋，反而容易因為脂質過量而不易產生麩質（請參考Q＆A9），進而影響麵團的膨脹程度。另一方面，蛋白用於補強麵結構，主要功用是產生具有嚼勁的口感。蛋白幾乎不含脂質，主要成分是蛋白質，麵團加熱膨脹時，蛋白質也會因為受熱而變硬，進一步鞏固麵團組織。除此之外，蛋白所含的蛋白質中，卵清白蛋白成分約占了一半以上，加熱後會產生具有嚼勁的口感，所以蛋白比例過高的話，口感反而變得乾巴巴。基於以上特性，請根據想要打造的口感，增減使用蛋白。

Q7 為什麼使用豆漿的麵團比較Q彈？

A7 豆漿是一種以蛋白質為主要成分的液體，也是一種脂質呈油滴狀分散的膠體溶液。此外，豆漿含有具乳化作用的大豆卵磷脂，這2種成分都有助於延緩澱粉的老化作用（請參考Q＆A 6），即便靜置一段時間，麵團也不容易變硬。除此之外，大豆卵磷脂的乳化作用也能使麵團變得更細緻，因此在這些作用的相輔相成下，麵團才有如此具有嚼勁的口感。

Q8 據說日本國產高筋麵粉比國外產麵粉更能打造出Q彈口感，這是真的嗎？

A8 過去日本國產的高筋麵粉和進口麵粉相比，由於蛋白質含量少，比較近似低筋麵粉，所以只適合用來製作麵條。但隨著品種改良，陸續開發出適合製作麵包，蛋白質含量高的麵粉品種。其中像是「春戀」、「北方之香」、「夢之力」等麵粉品種都已經能夠製作出具有彈性且又符合日本人喜好的口感。這些麵粉的共通點都是低直鏈澱粉。澱粉由直鏈澱粉和支鏈澱粉組成，直鏈澱粉含量較少的品種，通常支鏈澱粉含量會比較高。支鏈澱粉的特色是口感比直鏈澱粉還有彈性。以米來說，糯米含有100%的支鏈澱粉，而粳米則含有80%的支鏈澱粉（剩餘20%為直鏈澱粉）。由此可知，低直鏈澱粉的品種比較能夠製作出具有彈性的口感。

另一方面，多數日本國產麵粉品種經過改良後，有助於形成麩質的蛋白質含量皆有所提升，不僅製作出來的麵團更柔軟，也更具延展性，所以現在即便使用日本國產小麥麵粉，也同樣能做出具Q彈口感的麵團。

Q9 高筋麵粉和低筋麵粉搭配使用會產生什麼樣的變化？

A9 小麥麵粉含有麥穀蛋白和麥醇溶蛋白2種小麥特有的蛋白質。小麥麵粉和水揉和在一起時，這2種蛋白質會轉變為麩質。

高筋麵粉的蛋白質含量多，使用高筋麵粉進行發酵的麵團會產生大量具黏性和彈性的麩質。麩質在麵團裡逐漸擴散，形成一層一層的薄膜。這些薄膜不僅有彈性，還具有良好的延展性，能夠包覆酵母發酵時產生的二氧化碳，讓麵團慢慢延展，最終讓整個麵團能夠均勻膨脹。

如果以低筋麵粉取代高筋麵粉，由於低筋麵粉的蛋白質含量少，形成的麩質也相對較少。除了麩質比較少之外，相較於使用高筋麵粉，低筋麵粉所產生的麩質黏性和彈性也比較差。麵團延展性差也就無法保留發酵時所產生的二氧化碳，進而導致膨脹幅度小、氣泡少，口感上容易偏厚重，而且沒有蓬鬆感。所以，低筋麵粉的添加比例越高，上述的特性會越明顯，也就是口感厚重且具有十足的嚼勁。

Q10 有哪些要素會影響口感？

A10 會影響口感的要件如下所述。
①小麥麵粉的蛋白質含量
②攪拌時間與強度
③酵母種類與使用量
④鹽的使用量
⑤砂糖的使用量
⑥油脂的種類與使用量
⑦有無使用全蛋或蛋黃，以及用量
⑧脫脂乳粉的使用量
⑨製作方法

由於各種因素息息相關，不同的搭配組合打造不一樣的麵團口感。想要製作鬆軟輕盈的麵團，前提是選用蛋白質含量高的小麥麵粉。如果蛋白質含量少，即便針對①～⑨的要件進行調整，依舊無法打造鬆軟口感。使用蛋白質含量高的小麥麵粉，延長攪拌時間有助於產生麩質，打造鬆軟且輕盈的口感。

解說：木村萬紀子
1997年畢業於奈良女子大學家政學院食物學科。之後進入辻調理師專門學校就讀，畢業後任職於辻靜雄料理教育研究所。獨立創業後除了擔任該校講師，還撰寫許多調理科學相關書籍。共同撰寫的作品包含《用科學解讀麵包的「為什麼」》（《科学でわかるパンの「なぜ？」》，小社刊）等。

閱讀這本書之前

・甜甜圈的英文標記有donut和doughnut 2種,本書主要使用donut的寫法,但介紹各個採訪店家時,原則上會優先採用各店所使用的標記方式。
・使用無鹽奶油。
・雖然使用相同品種的小麥麵粉,但基於採買批次和時期,可能會產生不同狀態。請配合當下狀態,進行適當的用量和水量調整。
・以高筋麵粉作為手粉。
・原料名稱後方( )的內容為受訪店家所使用的商品品牌與製造商名稱。
・酵母甜甜圈的原料表中,「g」後面註記的%是烘焙百分比的意思。所謂烘焙百分比,是指將麵粉總量視為100%,其餘原料占麵粉總量的比率則以○%來標示。
・麩質檢測是指攪拌後取少量麵團,確認麩質形成程度的作業。
・直接法是指將所有材料混合均勻後放入攪拌盆中一起攪拌成麵團的製麵包手法。
・文中記載的攪拌、發酵、油炸溫度和時間都是受訪店家的真實食譜,但由於自家的廚房環境與使用設備可能有所不同,請自行視情況進行適當的調整。
・使用烤箱時,請務必事先預熱。
・文中記載的販售價格皆為採訪當時(2024年4～5月)的售價。店內商品為採訪當日所陳列的品項,部分店家的陳列品項可能每天都不盡相同。
・CHAPTER 3 油炸麵包的麵團(P.138～151)是將《カフェースイーツ vol.216》(小社刊)中的同名專題報導於重新編輯後所收錄的內容。

CHAPTER 1

甜甜圈專賣店的
食譜與經營

甜甜圈專賣店的原味甜甜圈

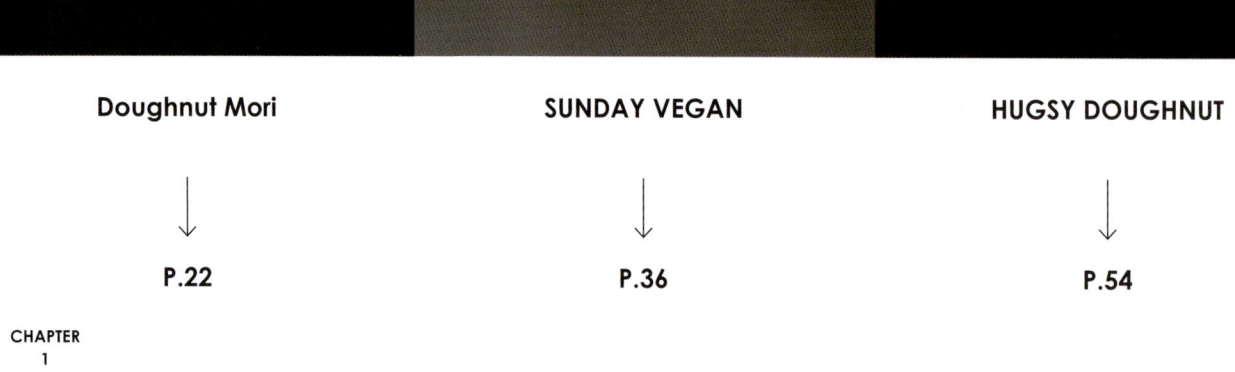

Doughnut Mori　　　　　　SUNDAY VEGAN　　　　　　HUGSY DOUGHNUT

↓　　　　　　　　　　　　↓　　　　　　　　　　　　↓

P.22　　　　　　　　　　　P.36　　　　　　　　　　　P.54

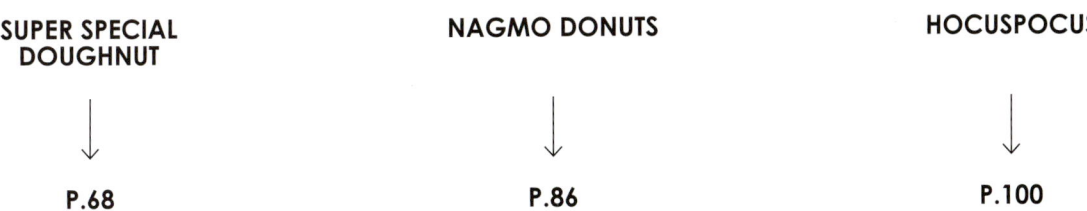

SUPER SPECIAL DOUGHNUT	NAGMO DONUTS	HOCUSPOCUS
↓	↓	↓
P.68	P.86	P.100

Doughnut Mori 的麵團

Doughnut Mori

DONUT SHOP

TOKYO
KURAMAE

Q彈且紮實，
刻意打造較為厚重的口感。
使用承襲自法國甜點的濃郁糖釉。

CHAPTER 1

採用湯種製法，低溫長時間發酵，增加蛋黃比例。濕潤度持續到夜晚

選擇湯種製法，是因為喜歡湯種製作成吐司後的那種Q彈且紮實的口感。2020年開業當時，幾乎沒有店家採用湯種製作甜甜圈，於是便嘗試採用這種製作方式以展現全新風味。雖然最佳賞味期限為當天，但因為使用湯種製法，就算低溫長時間發酵的麵團裡不使用任何添加物，水分也不會隨著時間流失，美味能夠一直持續到夜晚。另外，蛋黃比例增加，不僅味道濃郁，也因為蛋黃是天然乳化劑，具有維持濕潤口感的效果。

混合日本國產高筋麵粉和低筋麵粉，打造厚實口感

日本國產小麥麵粉的Q彈口感深受日本人喜愛，因此選用北海道產的最強高筋麵粉「夢之力」來進行調配。除此之外，藉由搭配低筋麵粉，打造適度的「厚重感」。低筋麵粉比例若太低，嘴裡會留有一點黏稠感，但比例若太高，反而會嚴重影響膨脹程度，導致口感過於厚重。在總麵粉量的5～20％中，以1％為單位進行多次試驗，最終調整為10％的最佳比例。

適度攪拌不產生過量麩質，兼具紮實與嚼勁

希望甜甜圈具有紮實感的同時也能充滿嚼勁，因此採用直接法，將所有食材全部混合在一起攪拌。攪拌至將麵團能延展成薄膜且可以大塊撕開的程度就好，避免產生過量麩質。

依照國家規定的標準，頻繁更換油炸用油

使用幾乎不含反式脂肪，以棕櫚油製作的酥油，並且使用油脂老化試紙，隨時監測油脂品質。達到針對食品工廠的國家標準，亦即酸價超過2時，就會更換新的油品。統一於每天早上油炸當天要販售的分量，並且油炸完後立即過濾和冷卻，盡可能保持油品乾淨。這一切都是為了確保甜甜圈的美味，也為了讓小朋友吃得安心。

DONUT SHOP

Doughnut Mori 的
原味甜甜圈

DAY 1
湯種
加熱至65度C → 2度C・靜置一晚

DAY 2
攪拌
螺旋式攪拌機
低速運轉1分鐘 → 中速運轉10分鐘
麵團溫度26～27度C

第一次發酵
2度C・3～4小時

排氣翻麵
1次

分割・滾圓
80g・圓形

中間發酵
4度C・30分鐘

整形
圓圈狀

第二次發酵
4度C・12～16小時

DAY 3
回溫・最終發酵
20度C・濕度60%・45分鐘 →
30度C・濕度70%・45分鐘

乾燥
室溫（約20度C）
業務用電風扇10～15分鐘

油炸
酥油（175度C）
1分30秒 →
上下翻面後再繼續油炸1分30秒

冷卻
室溫（約20度C）・約20分鐘

INGREDIENTS
湯種（約120個分量）
　高筋麵粉（「茜星」NIPPN）… 200g
　鹽（蓋朗德鹽之花）… 56g
　蔗砂糖（「素焚糖」大東製糖）… 56g
　水 … 1kg

麵團（約30個分量）
　高筋麵粉（「茜星」NIPPN）… 850g
　低筋麵粉（「Super VIOLET」日清製粉）… 100g
　半乾性酵母（「L'hirondelle 1895」saf）… 5g
　A
　┌ 奶油 … 95g
　│ 酥油（「皇冠酥油」*Miyoshi Oil）… 17g
　│ 加糖蛋黃 … 120g
　│ 牛奶 … 320g
　└ 蔗砂糖（同上）… 130g
　湯種 … 比上述多310g
　油炸用油（酥油・同上）… 適量
　＊原料為棕櫚油。幾乎不含反式脂肪。

DAY 1　湯種（照片為10倍量）

將高筋麵粉、鹽、蔗砂糖放入圓底鍋裡（製作果醬用的銅鍋等），將一半分量內的水倒入1裡面。

如果鍋底非圓形，麵團容易因為卡在角落而無法均勻受熱。

將剩餘一半的水煮沸，倒入步驟1的食材裡面。

若將全部分量的水一起倒進去，加熱室溫下的湯種需要花費15分鐘以上，但倒入一半分量的水，只需要加熱5分鐘左右。

使用打蛋器，從鍋底將材料攪拌均勻。

高筋麵粉若殘留於鍋底，不僅容易燒焦，也容易結塊，所以在這個步驟中務必先混拌均勻。

以大火加熱，用打蛋器從鍋底將所有食材混拌均勻。

如同製作卡士達醬，要從鍋底向上撈起般充分攪拌均勻。

照片中製作的是10倍分量,所以使用大型攪拌機攪拌,但如果是按照食譜製作120個分量,使用打蛋器攪拌就可以了。

5 鍋內溫度達55度C後,澱粉的糊化作用速度會加快,所以改以業務用大型手持攪拌機,邊加熱邊高速攪拌。

6 鍋內溫度達65度C後,將鍋子自火爐上移開並倒入鋼盆中。

由於製作量大,如果不經常攪拌幫助降溫,表面會因為形成薄膜而阻礙水分蒸發,導致麵團變濕黏。

7 每隔10分鐘攪拌1次,置於室溫下讓溫度下降至接近人體溫度(以照片中的分量來說,下降至室溫需要2～3小時)。覆蓋保鮮膜,靜置於2度C的冷藏室裡一晚。

DAY 2 攪拌
(照片為16kg的麵粉)

將材料事先冷藏備用,這是為了確保任何季節都能以固定時間攪拌至穩定的溫度。前一天先計算好分量,也有助於提高隔天早晨的製作效率。

1 將A食材於前一天計算好並混合在一起。覆蓋保鮮膜,靜置於冷藏室一晚。

2 將粉類和半乾性酵母倒入攪拌機的攪拌盆中,然後加入步驟1的食材。

3 加入湯種。

4 以低速運轉攪拌1分鐘左右。

攪拌過程中以刮板刮下沾附於攪拌盆內和攪拌頭上的麵團。

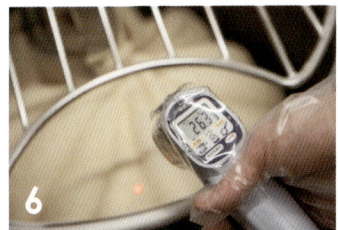

5 攪拌至沒有粉末狀後,以中速運轉繼續攪拌10分鐘。

6 測量麵團溫度。以中速運轉繼續攪拌數分鐘,讓麵團最終溫度為26～27度C。採訪當天的室溫為20度C,攪拌10分鐘後的麵團溫度為21度C,所以之後以1分鐘為單位,每攪拌1次,溫度上升1度C左右。

避免產生過量麩質,才能保留最佳嚼勁。

7 麵團溫度達26～27度C後,進行麩質檢測。最終目標為延展麵團時,能夠將麩質延展成薄膜狀,並且能夠大塊撕開的狀態。

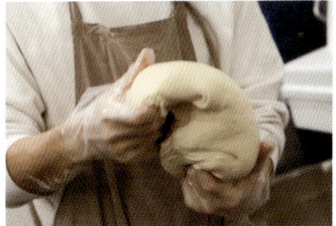

8 分割成2.4kg大小並滾圓。

9

將麵團翻面,收口部分朝下。

10

將麵團翻面,收口部分朝下。

第一次發酵

1

靜置於2度C的冷藏室中,低溫發酵3～4小時。照片為發酵後的狀態,膨脹約1.5倍。

排氣翻麵

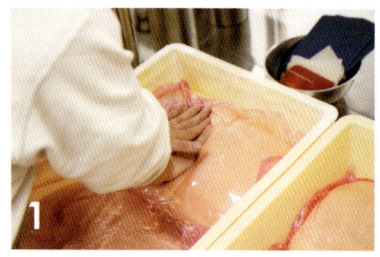

1

雙手交疊在麵團中央,想像壓破大氣泡般用力按壓1次。

分割・滾圓

1

使用刮板將麵團從塑膠箱中取出,放在分割滾圓機的專用板上。輕輕撒些手粉,用手輕輕按壓延展,盡量讓麵團厚度一致。

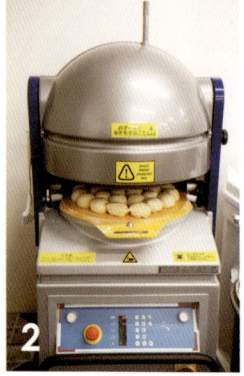

2

將專用板安裝在分割滾圓機上,進行分割（每份80g）和滾圓作業。

> 能夠一氣呵成地進行分割和滾圓作業的機器,將麵團放在專用板上,只需要數十秒便能完成分割和滾圓作業。雖然機器能夠滾成漂亮的圓形,但有時候可能出現割痕或底部沒有完美收口的情況,請務必進行確認,必要時手動滾圓。

3

自分割滾圓機取出專用板。

4

麵團沒有滾得很圓的情況下,移至工作檯上手動滾圓4～5次,讓麵團表面光滑且具有張力。以收口朝下的方式排列在網架上。

中間發酵

1. 放入4度C的凍藏發酵箱中，靜置30分鐘。

2. 自凍藏發酵箱中取出麵團。

3. 完成中間發酵後的麵團。

整形

1. 整體撒上手粉。

2. 使用漢堡壓肉器（壓扁漢堡肉餅並煎炸的器具）將麵團壓扁，並且延展至直徑8cm大小。

3. 使用直徑2cm的圓形圈模將步驟2的麵團中間挖空成圓圈狀。

第二次發酵

1. 排列於網架上，放入4度C的凍藏發酵箱中發酵12～16小時。

DAY 3　回溫・最終發酵

> 透過逐漸提升溫度和濕度讓麵團從裡到外都能均勻回溫。若一口氣提升溫度，麵團外側會過度發酵，而麵團內側則尚未完全回溫，在這種情況下拿去油炸的話，麵團內側可能會半生不熟。

1. 發酵箱設定為20度C，濕度設定為60%，發酵45分鐘，然後改為30度C・70%，發酵45分鐘，接著進行回溫・發酵作業。

乾燥

關掉凍藏發酵箱的電源，打開門片並用業務用電風扇吹乾，大約10～15分鐘，直到麵團表面沒有潮濕狀。在這過程中，將網架前後對調，讓麵團表面完全乾燥。

油炸

> 少了這個步驟的話，麵團可能直接黏在網架上而變熟。

1. 表面乾燥後，輕輕地將麵團自網架上拿起來，並且上下翻面。

2. 連同網架一起放入油炸鍋（酥油・175度C）中，油炸1分30秒。使料理夾將麵團上下翻面，再繼續油炸1分30秒。

3. 連同網架一起自油鍋中取出，瀝乾油後再移至棚架上，靜置於室溫下20分鐘左右。

Doughnut Mori

Original Glaze

TOKYO
KURAMAE

使用義大利產的甜橙花蜂蜜和日本國產的奶油製作原創糖釉甜甜圈，這款甜甜圈同時也是該店的人氣商品。帶有柑橘香氣的清爽感和溫潤風味，再加上杏仁堅果糖的酥脆口感，為飽滿的甜甜圈增添畫龍點睛的效果。

CHAPTER 1

28

原創糖釉甜甜圈

INGREDIENTS（30個分量）
原創糖釉
奶油 … 30g
熱水 … 5g
糖粉 … 132g
蜂蜜 … 18g
收尾
原味甜甜圈（P.24～27）… 30個
杏仁堅果糖（市售品）… 適量

原創糖釉（照片為食譜分量的90倍）

1. 將奶油放入鍋裡並蓋上鍋蓋，以小火加熱融化，加熱過程中適當攪拌。
   → 若出現油水分離現象，糖釉容易變油膩，所以務必以小火加熱，並隨時注意奶油融化狀態。如果按照食譜的分量製作，也可以使用隔水加熱方式或微波爐加熱奶油。

2. 在桌上型攪拌機的攪拌盆裡倒入熱水，然後加入一半分量的糖粉。安裝攪拌球，以低速運轉混拌均勻。攪拌至沒有粉末狀後轉為高速運轉。
   → 使用冷水的話，糖粉不容易溶解，請務必使用熱水。如果按照食譜的分量製作，也可以使用一般打蛋器攪拌（以下相同）。

3. 整體攪拌均勻後倒入剩餘的糖粉和融化後的奶油，以高速運轉攪拌均勻。在攪拌期間，以微波爐或隔水加熱方式加熱蜂蜜至差不多人體的溫度。
   → 攪拌完成後先暫時移開攪拌盆，手持攪拌球，以從盆底向上撈起的方式攪拌，確認是否完全拌勻且沒有留下塊狀物（**a**）。

4. 接著倒入加熱至差不多人體溫度的蜂蜜，以高速運轉攪拌2分鐘。糖釉變光滑且均勻的狀態就完成了。移至保存容器中，置於2度C的冷藏室裡一晚。

收尾

1. 將原創糖釉放入微波爐中加熱至差不多人體溫度。
   → 重覆用打蛋器攪拌並放入微波爐中加熱，藉此避免產生油水分離現象，採用逐次逐次加熱的方式（**b**）。如果是照片中的分量（1900ml），以600W的微波爐來說，總共需要加熱3～5分鐘。

2. 取原味甜甜圈並浸在糖釉中，約比一半厚度稍微高一些，向上提起讓多餘糖釉滴落。快速轉動甜甜圈，甩掉多餘的糖釉（**c～e**）。
   → 一旦糖釉溫度下降，將甜甜圈浸在裡面時會有種沉重感，這時候要如同步驟1加熱糖釉，調整至有光澤且軟硬度適中。

3. 在糖釉尚未乾燥前，撒上杏仁堅果糖（**f**）。

Doughnut Mori

Pistachio Glaze

TOKYO
KURAMAE

開心果糖釉甜甜圈

INGREDIENTS（30個分量）

開心果糖釉
- 奶油 … 30g
- 熱水 … 28g
- 糖粉 … 132g
- 開心果醬 … 30g

收尾
- 原味甜甜圈（P.24～27）… 30個
- 開心果（搗碎）… 適量

開心果糖釉

1. 以隔水加熱或微波爐加熱融化奶油。過度加熱奶油會導致油水分離，糖釉也容易變油膩，所以加熱過程中務必隨時確認狀態。
2. 將熱水倒入鋼盆中，加入一半分量的糖粉，以打蛋器混拌均勻。整體拌勻後，倒入剩餘的糖粉和步驟 1 食材並進一步攪拌均勻。在攪拌期間，以微波爐或隔水加熱方式加熱開心果醬至差不多人體溫度。
3. 步驟 2 的食材變滑順後，加入事先加熱好的開心果醬混合在一起。糖釉呈光滑且均勻的狀態就完成了。移至保存容器，置於 2度C的冷藏室裡一晚。

收尾

1. 將開心果糖釉放入微波爐中加熱至差不多人體溫度（加熱方式請參照P.29）。
2. 取原味甜甜圈浸在糖釉中，甩掉多餘的糖釉（浸泡糖釉的方法請參照P.29）。在糖釉尚未乾燥前，撒上搗碎的開心果。

使用西西里島布龍泰產的頂級開心果醬，為了直接呈現開心果醬的濃厚風味，只使用奶油和砂糖製作糖釉。一口咬下，開心果特有的上等香氣與美味瞬間在口中釋放。

開心果醬

這款甜甜圈使用的是「MARULLO 開心果醬」，這是產自義大利西西里島布龍泰村的頂級開心果醬，不添加砂糖和油脂，風味和口感都十分濃厚。布龍泰村生產的開心果種植在火山土壤中，既含有豐富的礦物質，風味也相對濃厚且香氣獨特。由於每2年才採收1次，所以因稀少而珍貴。

Doughnut Mori

TOKYO
KURAMAE

以奶油和砂糖製作的糖釉中添加覆盆子的糖漬果粒果醬，香氣和外觀都十分華麗。鮮豔且高雅的配色更是令人目不轉睛。活用覆盆子的香氣和酸味，純手工自製糖漬果粒果醬。

覆盆子糖釉甜甜圈

INGREDIENTS（30個分量）
覆盆子糖漬果粒果醬（製作分量）
　　覆盆子（冷凍）… 1kg
　　蔗砂糖（「素焚糖」大東製糖）… 600g
　　檸檬汁 … 50g
覆盆子糖釉
　　奶油 … 30g
　　熱水 … 16g
　　糖粉 … 132g
　　覆盆子的糖漬果粒果醬 … 取上述30g
收尾
　　原味甜甜圈（P.24～27）… 30個

覆盆子糖漬果粒果醬

1. 將所有食材倒入鍋裡，以中小火加熱。邊加熱邊攪拌，蔗砂糖溶解後轉為大火。
2. 持續以大火熬煮至濃稠。將鍋子自爐上移開，並將果醬移至保存容器中，稍微置涼後放入冷藏室一晚。

覆盆子糖釉

1. 以隔水加熱或微波爐加熱融化奶油。過度加熱奶油會導致油水分離，糖釉也容易變油膩，所以加熱過程中務必隨時確認狀態。
2. 將熱水倒入鋼盆中，加入一半分量的糖粉，以打蛋器混拌均勻。整體拌勻後，加入剩餘的糖粉和步驟1食材，進一步攪拌均勻。在攪拌期間，以微波爐或隔水加熱方式加熱覆盆子糖漬果粒果醬至差不多人體溫度。
3. 步驟2的食材呈絲滑狀後，加入事先加熱好的覆盆子糖漬果粒果醬混合在一起。糖釉呈光滑且均勻的狀態就完成了。移至保存容器中，置於2度C的冷藏室裡一晚。

收尾

1. 將覆盆子糖釉放入微波爐中加熱至差不多人體溫度（加熱方式請參照P.29）。
2. 取原味甜甜圈浸在糖釉中，甩掉多餘的糖釉（浸泡糖釉的方法請參照P.29）。

Doughnut Mori

Yakiimo Mascarpone

TOKYO KURAMAE

貝奈特甜甜圈中填入大量馬斯卡彭起司和烤番薯奶油，打造日式甜點風格的甜甜圈。使用義大利進口的馬斯卡彭起司，只添加蔗砂糖以突顯濃郁的起司風味。搭配大量烤番薯奶油，更添濃厚風味與香氣。

CHAPTER 1

烤番薯馬斯卡彭起司甜甜圈

INGREDIENTS
貝奈特（120個）
　原味甜甜圈（P.24～27）的麵團 … 全量
烤番薯奶油（39個分量）
　烤番薯（市售）… 1kg
　蔗砂糖（「素焚糖」大東製糖）… 140g
　牛奶 … 150g
　奶油 … 300g
馬斯卡彭起司奶油（14個分量）
　馬斯卡彭起司（義大利產）… 500g
　蔗砂糖（同上）… 70g

貝奈特
1　如同製作原味甜甜圈（P.24～27），使用湯種並按照步驟操作到整形作業，進行整形時，使用漢堡壓肉器延展麵團，中間不要挖洞並進行第二次發酵（**a**）。後續步驟相同，但油炸時間為單面2分鐘。上下翻面後，擺上網架施加重量，繼續油炸2分鐘（**b**）。

烤番薯奶油
1　使用篩網過濾烤番薯，連同蔗砂糖一起放入桌上型攪拌機的攪拌盆中，裝好攪拌槳，以中速運轉攪拌至沒有塊狀。
2　將融化的奶油和加熱至人體溫度的牛奶混合在一起備用。
3　將步驟2食材分成3次倒入1裡面，每次都以中速運轉攪拌至均勻。將食材移至鋼盆中並覆蓋保鮮膜，靜置在冷藏室裡一晚。
4　放入微波爐中加熱至差不多人體溫度，再次用桌上型攪拌機攪拌至呈絲滑狀態（**c**）。

馬斯卡彭起司奶油
1　將馬斯卡彭起司和蔗砂糖放入桌上型攪拌機的攪拌盆中，裝上攪拌球，以低速運轉進行攪拌，攪拌至蔗砂糖均勻分布即可停止（**d**）。為了保留濃稠度，千萬不要過度攪拌。

收尾
1　將貝奈特切開一個缺口，然後將馬斯卡彭起司奶油填入擠花袋（星形花嘴6齒・10號）中，在缺口裡擠一圈（40g）（**e**）。
2　將烤番薯奶油填入擠花袋（惠爾通花嘴＃4B）中，在剛才的馬斯卡彭起司奶油上擠2～3圈（40g）（**f**）。
3　將上層麵團蓋在奶油上，最後以濾茶網過篩撒上糖粉（**g**）。

關於馬斯卡彭起司

使用義大利產「GIGLIO」這個品牌的馬斯卡彭起司，相較於日本國產的馬斯卡彭起司，風味更加濃厚。為了避免濃厚感被覆蓋，刻意不添加鮮奶油，只使用砂糖增加甜味。砂糖部分，選擇兼具風味與層次感的蔗砂糖。「馬斯卡彭起司和蔗砂糖都具有自身的獨特風味，搭配起來十分契合」（Doughnut Mori・森先生）。

Doughnut Mori 的店鋪經營

在經典甜甜圈裡添加
法國甜點的要素

　　在餐飲店林立的神樂坂，穿過熱鬧大街，沿著神社旁會走到一條寂靜的坡道，坡道上有一家2020年2月開幕的小型甜甜圈專賣店。甜甜圈尺寸偏大，口感十分Q彈，搭配使用大量奶油製作的濃郁糖釉和店裡自製的糖漬果粒果醬。甜甜圈外觀宛如精緻的生菓子，整齊排列在充滿復古風情的展示櫃中。起初的第1年只有週末營業，但美味甜甜圈瞬間引起熱烈討論，即便只透過Instagram這個管道進行宣傳，但沒多久就已經成為一家傍晚時分就全部售罄的大夯店。老闆森敬之先生當時還是個上班族，他透過Cécile Éluard為專業人士舉辦的講座學習製作法式甜點，並且於2024年1月開設了第二家分店「Doughnut Mori藏前店」。第二家分店設有中央廚房，配備大型凍藏發酵箱、冷藏工作檯、滾圓・分割機和雙缸式瓦斯油炸鍋等機具，一天最多可以生產2,000個甜甜圈。目前平日製作大約500個甜甜圈，週末則製作大約1,000個甜甜圈。平日有5位工作人員，週末則增加至7位，計畫未來能再拓展一間新店鋪。

　　甜甜圈售價約落在400～600日圓，主要客群多半一次購買3～4個，用來送禮或作為伴手禮，但也有些客人會一次購買10個左右。依照目前的體制，3間店鋪已經是極限，但老闆為了推廣自家甜甜圈的美味，正在評估未來開放加盟的可能性。製作甜甜圈需要花費整整3天準備麵團，然後搭配嚴選優良食材製作華麗的裝飾，將原本具強烈美式風格的甜甜圈，進一步提升至法式甜點的等級。讓更多人能夠享用這種嶄新好滋味的日子，或許就在不久的將來。

SHOP INFORMATION

藏前店
東京都台東区駒形1-5-5
11:00～18:00（售完就打烊）
Tel：無提供
店休日請洽詢Instagram
instagram@doughnutmori

老闆　森敬之 先生

1987年出生於島根縣。自文化服裝學院畢業後，曾涉足服飾、餐飲、設計等各行各業。自2017年起，身為上班族的同時也開始在法式甜點店「Cécile Éluard」（現位於東京・錦糸町）當學徒。並於「Cécile Éluard」店休日借用場地販售甜甜圈，或者參與活動擺攤。累積不少經驗後，2020年在該店轉移陣地的同時接手這間店鋪，並且與妻子智實女士共同經營甜甜圈專賣店。2024年Doughnut Mori藏前店正式開幕。

將傳統法式甜點的製法
應用在甜甜圈上

甜甜圈的食譜是在「Cécile Éluard」法式甜點師傅的鈴木祥仁先生建議下一步步研發出來，即便開店之後，也持續溫故知新，加以精進改良。除了經典的圓圈狀甜甜圈，也研發出法式甜甜圈的圓形貝奈特。採用製作法式甜點的技法，在貝奈特裡填入內餡，而內餡的卡士達醬和糖漬果粒果醬等也都是店裡手工自製。圓圈狀甜甜圈所使用的糖釉，則是以2年才採收1次的西西里島頂級開心果醬和比利時進口的調溫巧克力等常用於法式甜點的優質素材製作而成，以此打造甜甜圈的獨特感。

湯種需要發酵一晚，麵團需要發酵一晚，
花費3天時間精心製作的美味

取部分小麥麵粉和水一起加熱，製作能夠讓澱粉糊化的湯種。這種作法常用於製作吐司。湯種於加熱後需要靜置一晚才能使用。另一方面，使用湯種揉捏的麵團也需要低溫長時間發酵，所以必須在完成甜甜圈的2天前就事先準備好。雖然費時又費力，再加上保存場所的所需成本也很高，但經過長時間的熟成‧發酵，美味更是直接提升一級，另外也因為鎖水性高，持續美味的時間相對較長，即便無法立即享用，也絲毫不減美味口感。

使用古董家具和建材，
打造充滿歷史感的沉穩氛圍

「Doughnut Mori」的理念是在看似普通的甜甜圈裡添加傳統法式甜點元素，打造獨一無二的甜甜圈，從店裡的裝潢也能感受到這個理念。店內展示櫃後方的工作檯和棚架、區隔販售區與廚房之間的彩繪玻璃門，都是1920年代的古董。為了搭配沉穩氛圍，店內照明選用黃銅風格的燈具。神樂坂店的風格完全將老闆森夫妻「法國鄉村小屋」的想法具體呈現。另外，第二家分店藏前店鄰近淺草車站，徒步即可到達，這一區也有許多工藝製造店林立，與神樂坂店一樣都充滿了歷史感，是提供精心製作且優質甜甜圈的最佳地點。

採訪當天的產品陣容（共14種）

酵母甜甜圈 7種
・原創糖釉甜甜圈 421日圓
・巧克力糖釉甜甜圈 421日圓
・覆盆子糖釉甜甜圈 421日圓
・開心果糖釉甜甜圈 529日圓
・芝麻黃豆粉糖釉甜甜圈 421日圓
・焦糖核桃甜甜圈 421日圓
・紅茶基底香草糖甜甜圈 421日圓

歐菲香甜甜圈 2種
・巧克力糖釉歐菲香 421日圓
・原創糖釉歐菲香 421日圓

貝奈特 4種
・杏桃蘭姆貝奈特 421日圓
・白雙糖奶油貝奈特 529日圓
・紅豆奶油貝奈特 529日圓
・烤番薯馬斯卡彭起司貝奈特 626日圓

其他 1種
・甜甜圈球 421日圓

SUNDAY VEGAN 的素食甜甜圈

SUNDAY VEGAN

DONUT SHOP

TOKYO
KICHIJYOJI

以烘焙師的專業知識與技術，
打造令人難以相信的純素滿足感

CHAPTER 1

36

**正因為不是純素，
才能打造如此美味甜甜圈的詭論**

　　製作純素麵包時，不能使用動物性食材的乳製品和雞蛋，因此製作出來的麵包要不淡如清風，要不充滿植物性食材的特殊氣味。尤其甜甜圈麵團裡通常需要搭配大量雞蛋和奶油來以打造濃郁的風味，如果無法使用雞蛋，勢必會增加大豆提煉的油脂和奶油的比例來取代乳製品，用於補足濃郁感。但使用過量的大豆製品，往往容易讓甜甜圈產生一種特殊氣味。然而SUNDAY VEGAN的甜甜圈完全沒有「純素甜點的特殊氣味」。負責研發所有食譜的店長山口友希表示「關鍵就在於包含我在內，整個團隊裡沒有任何一個人是純素主義者」，所以我們結合烘焙達人的智慧與技術，無止境地追求「麵團本身的美味」，並且琢磨於特殊製法與食材，才得以產生這種稀有的純素美味。

**精選食材，琢磨製程
永無止境的嘗試與錯誤後的結晶**

　　舉例來說，製作酵母甜甜圈的麵團時，透過低溫長時間發酵以增加麵團的鮮美，打造具有深度的美味。使用在低溫‧高糖麵團中能夠確實進行發酵的新鮮酵母。而為了長時間保持Q彈口感，進一步提高麵團的加水率，而小麥麵粉方面，主要使用鎖水性高且老化速度慢，能夠打造紮實味道的「BELLE MOULIN」，另外再搭配20%的低溫發酵也能充分膨脹的「BLIZZARD INNOVA」小麥麵粉。至於酵母，則是使用店裡自製且一般常用於製作法式麵包的魯班種酵母，讓麵團更具層次感。
　　大豆製品的選用也非常重要。大豆製品並非只是單純的替代品，本身具有的美味也是精挑細選的條件之一。另一方面，以豆漿發泡鮮奶油作為甜甜圈內餡時，為了降低且保留微微散發的大豆特有風味，嘗試所有用於製菓烘焙的洋酒，幾經多次試驗後，終於選擇令人滿意的櫻桃香甜酒。在可可麵團中，使用2種香氣和風味截然不同的可可粉，在奶油甜甜圈中則是使用以5種莓果自製的果醬，最後收尾時在表面撒上摻有莓果粉的砂糖，透過多層次的香氣與風味，極其所能地追求能夠讓人感到心滿意足的甜甜圈。

DONUT SHOP

SUNDAY VEGAN 的
純素可可圓形甜甜圈

DAY 1

● 純素圓形甜甜圈麵團
攪拌
直立式攪拌機（攪拌鉤）
放入油脂以外的食材，
低速運轉3分鐘 → 中速運轉3分鐘 →
高速運轉3分鐘 → 倒入油脂後 →
低速運轉3分鐘 → 中速運轉3分鐘 →
高速運轉3分鐘
攪拌後麵團溫度為21度C

● 純素可可圓形甜甜圈麵團
攪拌
在純素圓形甜甜圈麵團中添加可可粉，
高速運轉攪拌3分鐘

分割・滾圓
60g・圓形

第一次發酵
－4度C・10小時

回溫・排氣翻麵・整形
室溫（21度C）・30分鐘 →
排氣翻麵1次 → 摺成2折 → 圓形

第二次發酵
35度C・濕度80%・1小時

乾燥
室溫（21度C）・數分鐘

油炸
有機酥油（180度C）
入鍋後馬上翻面 → 油炸1分30秒 →
上下翻面，繼續油炸1分30秒 →
上下翻面，再油炸20秒

冷卻
室溫（21度C）・約20分鐘

INGREDIENTS

● 純素圓形甜甜圈麵團（約33個分量）
  A
  高筋麵粉（「BELLE MOULIN」日清製粉）… 800g/80%
  高筋麵粉（「BLIZZARD INNOVA」日清製粉）… 200g/20%
  蔗砂糖（「喜美良」大東製糖）… 150g/15%
  鹽 … 15g/1.5%
  新鮮酵母（「US酵母」Oriental Yeast工業）… 40g/4%
  水 … 620g/62%
  魯班液體發酵種（下述）… 50g/5%
  B
  有機酥油（DAABON・Organic・Japan）… 100g/10%
  無鹽豆漿奶油霜（「Soy lait Beurre」不二製油）… 50g/5%

● 純素可可圓形甜甜圈麵團（10個分量）
  純素圓形甜甜圈麵團 … 上述530g
  Amazon可可粉（無糖）… 20g
  可可粉（可可100%・無糖）… 8g
  水 … 42g
  油炸用油（有機酥油・同上）… 適量

魯班液體發酵種

主要用於製作法國長棍麵包或法國鄉村麵包的液體狀酵母種。SUNDAY VEGAN使用一台名為「魯班30」，專門製作魯班液體發酵種的機器，純手工自製魯班酵母。

DAY 1 ● 純素圓形甜甜圈麵團（照片為6倍分量）

攪拌

1 取分量內的一些水倒入 A 的新鮮酵母中，混合在一起備用。

2 在直立式攪拌機上安裝攪拌鉤，將所有 A 食材倒入攪拌機的攪拌盆中。低速運轉3分鐘。粉末不再四散後轉為中速運轉3分鐘。具有良好延展性後，轉為高速運轉攪拌3分鐘。

● **純素可可圓形甜甜圈麵團**（照片為10倍分量）

攪拌

1 將2種可可粉和分量內的水混合在一起備用。

2 將步驟1的食材倒入裝有純素圓形甜甜圈麵團的攪拌盆中。高速運轉揉麵團3分鐘（下方照片為揉捏完成的麵團）。

3 將麵團移至工作檯上，為了方便分割，先將麵團延展成厚度均一的長方形。

3 進行麩質檢測，能夠延展成薄膜後，加入 B 食材。

4 低速運轉揉麵團3分鐘，B 食材和麵團整體混合均勻後轉為中速運轉揉麵團3分鐘。具有良好延展性後，轉為高速運轉3分鐘。照片為揉完麵團的狀態。

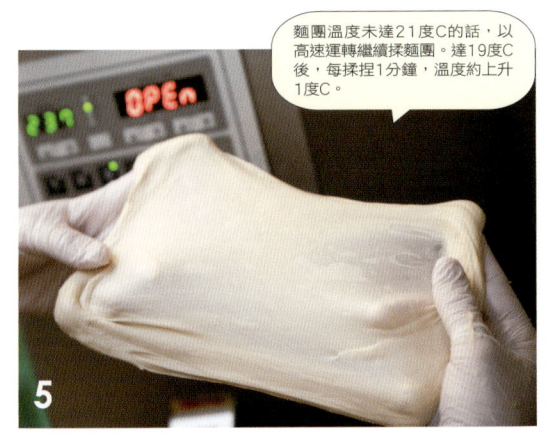

> 麵團溫度未達21度C的話，以高速運轉繼續揉麵團。達19度C後，每揉捏1分鐘，溫度約上升1度C。

5 目標麵團溫度為21度C。麵團變絲滑且具有延展性就完成了。

6 將要製作成可可麵團的分量留在攪拌盆中。取出的剩餘部分，同製作可可麵團的步驟，進行分割～乾燥等作業，最後進行油炸。

分割・滾圓

分割成1份大約60g,用手覆蓋麵團,在工作檯上以畫圓方式將麵團滾圓。

第一次發酵

將聚乙烯材質的緩衝墊鋪在烤盤上,然後擺上2個滾圓的麵團。放入-4度C的凍藏發酵箱中發酵10小時。照片右方為發酵前的狀態,左方為發酵後的狀態。

回溫

將麵團靜置於室溫(21度C)下30分鐘回溫。麵團摸起來有鬆軟感時,進行下一個整形步驟。

排氣翻麵・整形

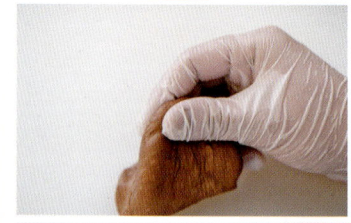

用手掌壓扁麵團以排出空氣,對摺後在工作檯上以畫圓方式滾成圓形。將底部封口後,放在鋪有緩衝墊的塑膠盒中。

第二次發酵・乾燥

1
在溫度35度C，濕度80%的凍藏發酵箱中靜置1小時進行發酵。取出後放在室溫下直到麵團表面變乾燥。照片上方為發酵前的狀態，下方為發酵後的狀態。

油炸

1
將麵團放入油鍋中（有機酥油・180度C），放入後立即上下翻面。油炸1分30秒後再次上下翻面，並且繼續油炸1分30秒。最後一次翻面，油炸20秒。

> 一放入熱油中就立刻翻面，瀝乾油的效果會比較好。

2
油炸期間如果產生大氣泡，用牙籤將氣泡戳破。

3
置於網架上瀝油，並且放在室溫（21度C）下20分鐘降溫冷卻。

SUNDAY VEGAN

MOCHI

TOKYO
KICHIJYOJI

無麩質&純素甜甜圈。因緣際會下遇見專為米粉研發的「笑みたわわ」品種，才因此誕生了SUNDAY VEGAN這款甜甜圈。麵團Q彈有嚼勁，而且味道具有層次感。甜甜圈裡填滿大量黑蜜與紅豆餡，外層撒上黃豆粉，打造日式風格的甜點。

SUNDAY VEGAN 的
米粉甜甜圈

DAY 1

米粉湯種
加熱至65度C → 靜置降至微溫

攪拌
桌上型攪拌機（攪拌槳）
先只放入米粉湯種，
以中速運轉3～4分鐘 →
放入砂糖和鹽 →
低速運轉攪拌近1分鐘 →
中速運轉2～3分鐘 →
倒入米粉麵包用米粉・水 →
低速運轉攪拌近1分鐘 →
中速運轉2～3分鐘 →
放入新鮮酵母 → 高速運轉攪拌4分鐘 →
倒入太白胡麻油 → 高速運轉攪拌4分鐘

第一次發酵
35度C・濕度80%・40分鐘

分割・整形
長方形（65g）→
包入黑蜜和紅豆餡 →
整形成長條狀 →
兩端接合起來成圓圈狀

中間發酵
35度C・濕度80%・20分鐘

油炸
有機酥油（180度C）
油炸2分鐘 →
上下翻面後繼續油炸2分鐘

冷卻
室溫（21度C）・約20分鐘

收尾
撒上加糖黃豆粉

INGREDIENTS（約15個分量）
米粉湯種（520g）
　米粉麵包用米粉（「笑みたわわ米粉麵包用米粉」兵四郎Farm）… 85g
　水 … 475g
麵團
　米粉湯種 … 上述全量
　米粉麵包用米粉（同上）… 340g
　蔗砂糖（「喜美良」大東製糖）… 51g
　鹽（「五島灘之鹽」菱鹽）… 5.1g
　水 … 17g＋42.5g
　新鮮酵母（「US酵母」Oriental Yeast工業）… 17g
　太白胡麻油 … 51g
黑蜜（市售）… 30g
紅豆餡（市售）… 300g
有機酥油（DAABON・Organic・Japan）… 適量
收尾
　加糖黃豆粉＊ … 適量

＊黃豆粉100g、甜菜糖100g、鹽（同上）0.5g裝入塑膠袋中混合在一起，並且置於容器中保存備用。

DAY 1　米粉湯種

1 將食材倒入鐵氟龍平底鍋裡混合均勻。

2 以中火加熱，邊攪拌邊加熱。

3 逐漸變黏稠，麵糊慢慢成團且變透明。溫度達65度C後，將鍋子自火爐上移開。攪拌至稍微降溫。

攪拌

1
將水（17g）和新鮮酵母混合在一起備用。

> 加入其他食材之前，先將湯種確實攪拌至產生黏性備用。

2
在桌上型攪拌機上安裝攪拌槳，將米粉湯種倒入攪拌盆中，以中速運轉攪拌3～4分鐘後靜置冷卻。

3
倒入蔗砂糖和鹽，以低速運轉攪拌至均勻（將近1分鐘），轉為中速運轉攪拌2～3分鐘。

4
先倒入米粉麵包用米粉，接著加水（42.5g）。以低速運轉攪拌（將近1分鐘），沒有粉末狀後轉為中速運轉，約攪拌2～3分鐘至滑順的泥狀。攪拌過程中，以橡膠刮刀刮下沾附於攪拌盆內側的麵糊。

5
加入步驟1的食材並以高速運轉攪拌4分鐘。

6
在攪拌機運作過程中緩緩注入太白胡麻油。繼續以高速運轉攪拌4分鐘。攪拌完成後，麵團具延展性且絲滑的狀態（照片下）。

第一次發酵

1
麵團含水量高，所以較為黏稠，為避免麵團沾黏於盆邊，先在攪拌盆內側噴一些脫模油（分量外）。

2
將麵團放入步驟1的攪拌盆中，表面緊密覆蓋保鮮膜。放入溫度35度C．濕度80%的凍藏發酵箱中40分鐘進行發酵。照片上為發酵前的狀態，照片下為發酵後的狀態。

分割・整形

> 由於麵團較為黏稠，需要多撒一些手粉。

1
取出麵團置於工作檯上，多撒一些手粉（高筋麵粉），延展成厚度1cm的長方形。接著分割成每塊65g的長方形。

2
用手將麵團延展成寬5～6cm，長10cm的長方形，像在中間畫線般擠2g左右的黑蜜（不要擠到底，兩端約保留1cm空白）。

CHAPTER 1

3

事先將紅豆餡捏成7～8cm長條狀,然後擺在步驟 **2** 的黑蜜上。

4

用兩側的麵團將紅豆餡包捲起來。

5

在工作檯上滾動5～6次,調整成漂亮的長條狀。

6

用手壓平其中一端。

7

用壓平的那端將另一端包起來,整形成圓圈狀。

中間發酵

1

將聚乙烯材質的緩衝墊鋪在烤盤上,噴一些脫模油(分量外)。在麵團上鋪一張面積比較大的烘焙紙,然後翻面將麵團移至緩衝墊上。放入溫度35度C・濕度80%的凍藏發酵箱中20分鐘,進行中間發酵。

> 比起烘焙紙或烘焙墊,聚乙烯材質的緩衝墊更不容易沾黏麵團。米粉甜甜圈的麵團非常黏,不容易處理,所以為了避免沾黏,額外在緩衝墊上噴一些油。

油炸

1

將麵團連同烘焙紙放入內有加熱至180度C有機酥油的油炸鍋裡。

2

油炸2分鐘,上下翻面後再油炸2分鐘。如果烘焙紙已經和麵團分離,用料理夾將其取出。

3

將炸好的甜甜圈置於網架上瀝乾,並且放在室溫(21度C)下20分鐘冷卻。

4

稍微放涼後,撒上大量的加糖黃豆粉。

SUNDAY VEGAN

Carrot

TOKYO
KICHIJYOJI

CHAPTER 1

46

以紅蘿蔔蛋糕為靈感的蛋糕甜甜圈。添加糖蜜和香料，讓紅蘿蔔的味道更有深度且具有層次感。油炸前先在麵團表面劃割痕，油炸後的甜甜圈不僅表情豐富，口感也更加酥脆。麵團裡加入穀片，增添多樣化的酥脆口感。

紅蘿蔔甜甜圈

INGREDIENTS（約20個分量）

紅蘿蔔 … 300g

A
| 糖蜜*1 … 42g
| 豆漿 … 84g
| 亞麻仁粉 … 12.5g

B
| 低筋麵粉（「KUCHEN」江別製粉）… 577g
| 蔗砂糖（「喜美良」大東製糖）… 276g
| 燕麥片*1 … 75g
| 燕麥粉 … 138g
| 肉桂粉 … 3.8g
| 多香果粉 … 3.8g
| 泡打粉*2 … 12.5g

椰子油*1 … 125g
有機酥油（DAABON · Organic · Japan）… 適量

*1 有機產品。
*2 不含鋁泡打粉。

1. 用起司刨絲器將紅蘿蔔刨成粗絲。將 A 食材放入鍋裡，加熱並攪拌至呈黏稠狀，溫度則和人體溫度差不多。
2. 將步驟 1 和 B 食材倒入桌上型攪拌機的攪拌盆中，繞圈淋上椰子油，安裝攪拌槳，以低速運轉攪拌 1 分鐘左右，整體拌勻後轉為中速運轉再攪拌 1 分鐘左右，直到沒有粉末狀後轉為高速運轉 2～3 分鐘。請特別留意，過度攪拌會因為產生過量麩質而讓口感變厚重。
3. 取出麵團置於工作檯上，撒些手粉，分割成每份80g。
4. 將麵團在工作檯上滾動 5～6 次，調整為長度近20cm的長條狀。用手壓平其中一端，接著用壓平的那端將另外一端包捲起來，整形成圓圈狀。使用直徑6.5cm圓形圈模輕壓麵團至深度約0.5cm，這是為了油炸時可以產生裂痕。然後直接放入冷凍庫裡保存。
5. 將步驟 4 的麵團置於室溫（約20度C）下20分鐘左右，讓麵團半解凍。用手輕觸，表面變柔軟就可以了。
6. 將麵團放入油炸鍋（有機酥油 · 180度C）中，油炸 1 分30秒。上下翻面後繼續油炸 1 分30秒。置於網架上瀝油，並放在常溫下冷卻。

SUNDAY VEGAN

Berry Cacao

TOKYO KICHIJYOJI

莓果可可甜甜圈

INGREDIENTS

莓果果醬（備料分量）
　覆盆子（冷凍）… 250g
　紅莓（冷凍）… 250g
　藍莓（冷凍）… 250g
　黑莓（冷凍）… 250g
　覆盆子果泥（法國保虹Boiron）… 1kg
　甜菜糖 … 1kg
　有機檸檬汁 … 100g

植物性香緹鮮奶油（備料分量）
　豆漿發泡鮮奶油（「濃久里夢ほいっぷくれーる」不二製油）… 1kg
　甜菜糖 … 70g
　櫻桃香甜酒 … 6g

莓果奶油（備料分量）
　覆盆子（冷凍覆盆子乾）… 20g
　莓果果醬 … 取自左記300g
　植物性香緹鮮奶油 … 左記全量

莓果砂糖（備料分量）
　覆盆子粉 … 50g
　甜菜糖 … 1kg

收尾（1個分量）
　純素可可圓形甜甜圈（P.38～41）… 1個
　莓果奶油 … 取自上述30g
　莓果砂糖 … 取自上述適量

在香氣濃郁且略帶苦味的可可麵團中，填入大量充滿奢華香氣的莓果奶油內餡，打造風味迷人的純素奶油甜甜圈。使用4種莓果和1種果泥製作奶油內餡，另外使用覆盆子粉製作糖粉撒在甜甜圈表面，追求具有層次感的香氣與風味，也更添馥郁的滿足感。

莓果果醬

1. 前一天先秤量好4種冷凍莓果和果泥的分量並混合在一起，靜置於冷藏室裡一晚解凍。
2. 將步驟1的食材和其他所有材料混合在一起，以中火加熱，同時以橡膠刮刀攪拌。砂糖溶解後，微調火候保持微沸騰的狀態，為了避免燒焦，熬煮1小時的過程中隨時攪拌一下（**a**）。
3. 滴一些水，如果果醬還能保持凝固（**b**）狀態，表示已經製作完成（**c**）。置於常溫下冷卻，然後放入冷藏室一晚。

植物性香緹鮮奶油（照片為2倍分量）

1. 將攪拌球安裝在桌上型攪拌機，倒入豆漿鮮奶油和甜菜糖，確實攪拌打發。加入櫻桃香甜酒，以中速運轉攪拌（**d**）。

莓果奶油

1. 將覆盆子裝入塑膠袋中，用手壓碎。不要壓得太細碎，稍微保留一些果粒口感。
2. 將步驟1的食材和其他剩餘食材放入鋼盆中，以橡膠刮刀混拌至均勻（**e**）。

莓果砂糖

1. 將食材放入塑膠袋中，充分搖晃均勻。可以一次性多製作一些，倒入瓶中保存。

收尾

1. 用刀子在麵團上割缺口，沿著照片中的虛線，切割出填入奶油的缺口（**f**）。
2. 將莓果奶油填入裝有花嘴的擠花袋中，擠30g在1的缺口中。最後在甜甜圈表面撒上大量莓果砂糖（**g**）。

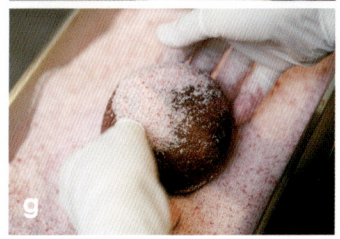

SUNDAY VEGAN

Lemon

TOKYO
KICHIJYOJI

這一款純素甜甜圈充分展現麵粉的風味，再淋上檸檬糖霜，立即成為店裡的招牌品項。糖霜裡有檸檬皮，突顯檸檬風味的存在感。清爽且強烈的酸味與香氣直擊味蕾。關鍵就在於透過簡單的配方以突顯甜甜圈麵團的美味。

檸檬風味甜甜圈

INGREDIENTS
麵團（10個分量）
　純素圓形甜甜圈麵團（P.38～39）… 600g
　有機酥油（DAABON・Organic・Japan）… 適量
檸檬糖霜（備料分量）
　純糖粉 … 1.2kg
　有機檸檬汁 … 210g
　刨絲檸檬皮 … 10g

麵團
分割・滾圓・第一次發酵
1　將純素圓形甜甜圈麵團分割成每份60g，置於工作檯上以畫圈方式滾成圓形。底部封口後排列在烤盤上，放入－4度C凍藏發酵箱中10小時進行第一次發酵。

整形
2　在麵團上撒手粉，使用整形機（延展麵團並捲成棍狀的麵包製作機器）進行整形作業。接著將麵團移至工作檯上，用雙手滾動並延展成近20cm長。用手壓平其中一端，用壓平的那端將另一端包捲起來，整形成圓圈狀，最後用手指捏緊連接處封口。

第二次發酵
3　放入溫度35度C・濕度80%的凍藏發酵箱中30～40分鐘。自發酵箱中取出麵團，置於常溫下讓麵團表面乾燥。

油炸
4　將麵團放入油炸鍋（有機酥油・180度C）中，放入後立即翻面。油炸2分鐘後再次翻面，繼續油炸2分鐘，最後再次翻面後油炸10秒。
　　── 麵團放入熱油中立即翻面，有助於瀝乾多餘的油。

5　置於網架上瀝油，放在室溫下降溫。

檸檬糖霜
1　將純糖粉放入鋼盆中，倒入有機檸檬汁混合均勻。攪拌至絲滑泥狀後加入刨絲檸檬皮混合在一起。

收尾
1　手拿著甜甜圈，將大約一半的厚度浸在檸檬糖霜中。拿起來並讓多餘的糖霜滴乾。
2　靜置於常溫下讓糖霜乾燥凝固。

SUNDAY VEGAN 的店鋪經營

不說破絕對不會察覺
滿足感爆棚的純素甜甜圈

一切的起點都始於新冠肺炎疫情。自從政府單位發布緊急事態宣言後，整個東京市中心的餐飲店無不陷入苦戰中，位於俯瞰新宿中央公園的創新設計酒店「THE KNOT TOKYO Shinjuku」一樓的商店「MORETHAN BAKERY」也不例外。然而正因為面臨著無可奈何的困境，老闆山口友希女士自2020年9月起推出名為「SUNDAY VEGAN」的活動，也就是每個星期天限定販售純素麵包。並非單純講究純素產品，更致力於追求純素的美味，沒多久以鄰近客群為中心，逐漸吸引越來越多客人前來光顧，不知不覺間，光是假日的營業額就已經超越平日的總營業額。其中最受歡迎的品項就是甜甜圈。

2023年5月，以當時的活動「SUNDAY VEGAN」為名，在吉祥寺開了一間甜甜圈專賣店。店址位在吉祥寺車站通往井之頭公園的繁華街道上，雖然是人潮眾多的黃金地段，但競爭者也相對較多，不過憑藉著創新與美味，開幕沒多久就已經擄獲喜歡嚐鮮的吉祥寺居民的心，平日客群主要是附近的居民、上班族和學生，假日則主要是外地來的遊客。

店鋪上午8點開始營業，在公園散步或上班上學途中的人會順道過來選購。尖峰時段為下午2～3點，吃完午餐順道過來採買下午茶點心，有時候下午4點左右就已經銷售一空。平日有2位員工，假日則增加至3位，另外有1位負責櫃臺銷售。雖然廚房加銷售區只有小小的13坪左右，但店裡製作約12種甜甜圈和5種常溫甜點。平日銷售量大約是400～500個。在井之頭公園的櫻花盛開時期，一天甚至可以賣出多達700個。

在餐飲業競爭激烈的吉祥寺，這家店已經以「公園附近的甜甜圈店」而廣為人知，更是這條街上有名的熟面孔。

SHOP INFORMATION

東京都武藏野市吉祥寺南町1-15-6
Tel：無提供
8:00～17:00
店休日請洽詢Instagram
instagram@we_are_sundayvegan

老闆　山口友希 女士
1982年出生於東京都。專校畢業後，曾在法式料理店「BOWERY KITCHEN」（東京‧駒沢）、「BASEL」（東京‧八王子）任職，也曾在「Ron Herman Café」（東京‧神宮前）任8年左右主廚。之後進入MOTHERS RESTAURANT公司工作，並於「MORETHAN BAKERY」成立後，擔任該店的店長，同時負責該公司烘焙所屬的三明治部門主廚。

CHAPTER 1

52

SUNDAY VEGAN

仿效服飾店的設計，
打造貼近身心的親民感

著重於打造讓人能夠輕鬆走進去的入口。入口處的大門是一扇延伸至天花板的玻璃拉門，營業時段盡量保持開啟狀態，讓舒服的微風和陽光盡情灑進店內。除此之外，銷售區和廚房之間的隔間也全是玻璃，整體空間充滿穿透感。室內裝潢部分委託專門設計服飾店空間的團隊負責設計，包含棚架、展示櫃的高度、活動空間和動線等，打造每個細節都非常精緻舒適的空間。配色方面選擇綠色和木頭原色，營造身處公園裡的氛圍。期望這個空間是所有年齡層的客群都能輕鬆進出。

令人不禁想拍張照的陳列設計

店內的陳列設計巧妙活用高低差，打造豐富的視覺效果。乍看之下高低差的排列很隨機，但實際上這些高低差能夠自然引導客人的視線，讓客人隨著目光的移動，享受挑選的樂趣。盛裝甜甜圈的盤子是來自加拿大設計師XENIA TALER之手，使用竹粉和玉米澱粉製作而成。設計感強烈，卻又帶有一絲溫暖的感覺，完美襯托出甜甜圈的美味，這也讓排隊等著結帳的顧客，情不自禁地拿起相機拍下美麗的瞬間。另一方面，店內棚架上也擺放用於製作甜甜圈的有機燕麥奶等店家嚴選的食品原料供客人選購。這些原料都是店家親自與生產者會面，了解生產者的堅持與理念後才進貨並用於製作店裡的甜甜圈。由於產品極具設計感，不少客人買來送禮，或者犒賞自己。

使用3種麵團製作甜甜圈，
烘焙店才有的多樣化

市面上的甜甜圈專賣店，多半只有一款原味酵母甜甜圈，然後以糖釉或糖霜的裝飾方式打造多樣化，但SUNDAY VEGAN店裡光是麵團就有7種，2種類型的酵母甜甜圈麵團、3～4種類型的蛋糕甜甜圈麵團，及1種米粉甜甜圈麵團，多樣化的產品供客人盡情選購。

採訪當天的產品陣容（共13種）

奶油甜甜圈 4種
・卡士達醬甜甜圈 330日圓
・雙重巧克力甜甜圈 390日圓
・焦糖甜甜圈 390日圓
・莓果可可甜甜圈 400日圓

酵母甜甜圈 4種
・糖粉甜甜圈 190日圓
・肉桂甜甜圈 190日圓
・檸檬風味甜甜圈 220日圓
・椰子可可甜甜圈 230日圓

蛋糕甜甜圈 4種
・牛奶甜甜圈 300日圓
・紅蘿蔔甜甜圈 350日圓
・咖啡甜甜圈 350日圓
・牛奶甜甜圈球 300日圓

米粉甜甜圈 1種
・米粉甜甜圈 400日圓

DONUT SHOP

53

HUGSY DOUGHNUT 甜甜圈的麵團

HUGSY
DOUGHNUT

DONUT SHOP

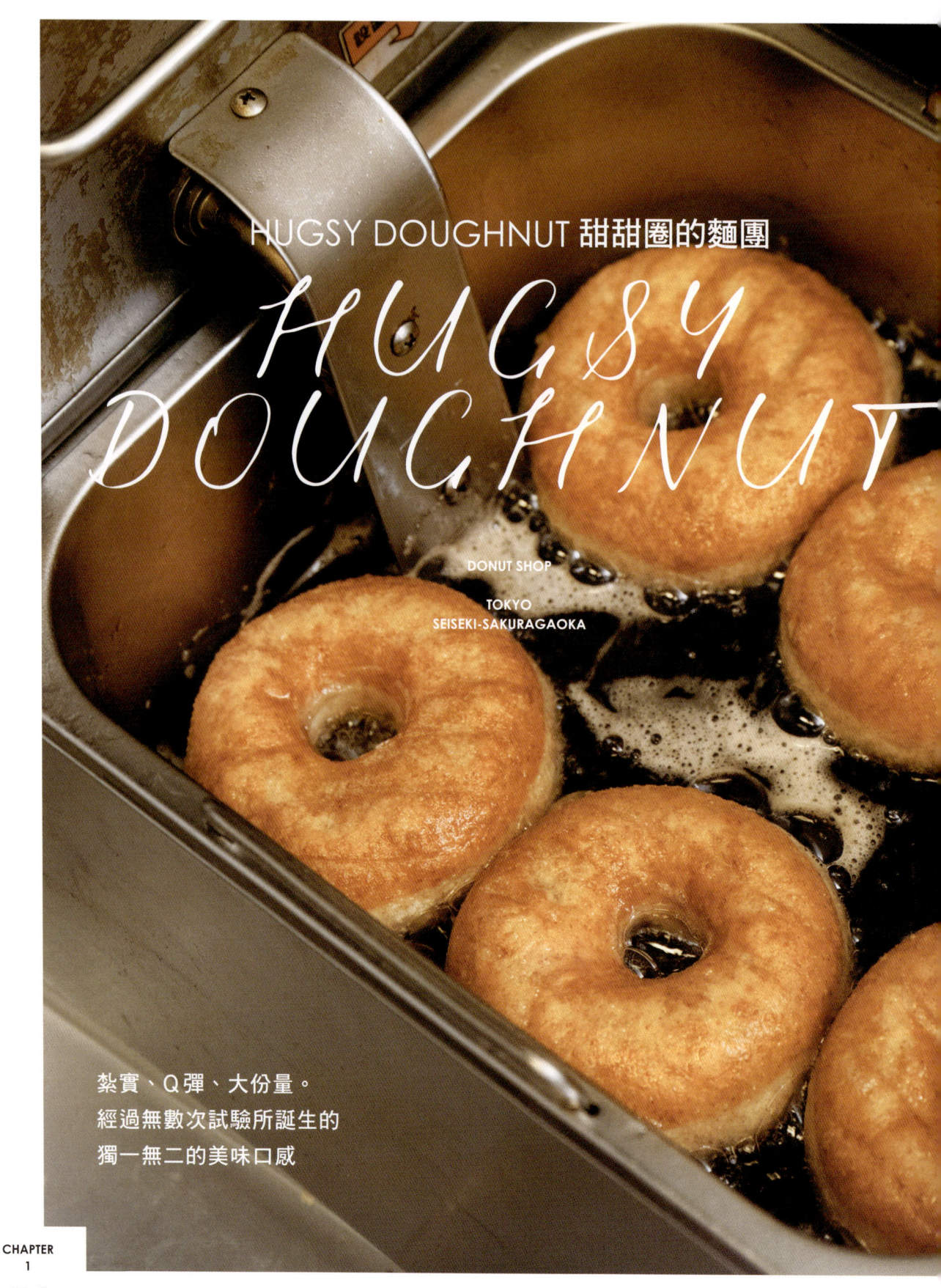

TOKYO
SEISEKI-SAKURAGAOKA

紮實、Q彈、大份量。
經過無數次試驗所誕生的
獨一無二的美味口感

CHAPTER 1

54

憑藉自己的味蕾，探索甜甜圈的美味

直到開幕數天前才終於完成甜甜圈的最終食譜版本。負責製作甜甜圈的是老闆的妻子MAZUKAWAYUMI女士。甜甜圈專賣店開幕前的2個月，MAZUKAWAYUMI女士每天下班後搭乘最後一班電車回家，然後持續研究甜甜圈食譜直到清晨，使用有限的食材與配方反覆進行嘗試，只為了做出自己能夠滿意的甜甜圈。就這樣，MAZUKAWAYUMI女士憑藉自己的味蕾，終於完成酵母甜甜圈麵團。

起初希望保留純手工製作的特有風味而打算親手揉捏麵團，然而試做過程中深刻體會到生產趕不上供給，於是決定使用兼具攪拌和第一次發酵功能的大型家用製麵包機。剛開始嘗試製作甜甜圈的時候，主要使用法國麵包專用的準高筋麵粉，然而家用製麵包機揉麵團時間較長，導致麵團的嚼勁過強。於是在能夠確實膨脹的高筋麵粉裡混合搭配低筋麵粉。雖然麵團狀態還不錯，但欠缺了一點風味，於是進一步添加全麥麵粉。高筋麵粉、低筋麵粉和全麥麵粉的比例為2：1：1，為了追求這個美味比例，真的經歷了無數次的試驗。

混合使用種子島產的蔗砂糖和沖繩產的黑糖，鹽的部分則使用兼具風味與鮮味的蓋朗德鹽。打從一開始就決定不使用雞蛋，希望打造簡單又純粹的風味。若使用豆腐，麵團難以成形，而使用牛奶的話，麵團口感則過於沉重，於是嘗試使用豆漿，完美製作出既不會過於輕薄也不會過於厚重，口感Q彈且紮實的麵團。

另一方面，並非使用小型發酵箱進行發酵，而是採用將麵團置於滾燙熱水鍋上的方式。依照發酵狀態，重新煮沸熱水或將麵團自鍋上移至塑膠盒中，視情況隨時進行調整。發酵的溫度和時間並非固定不變，畢竟酵母是生物，所以會根據酵母的作用情況，隨時進行調整。

即便擁有學徒經驗，也無法超越高完成度的食譜

甜甜圈專賣店開幕後，YUMI女士有感於經驗積累的重要性，於是經營甜甜圈專賣店的同時，也抽空到烘焙坊當學徒，時間長達3年。基於所學的知識與經驗，持續精進作業效率與探索新食譜，然而無論再怎麼嘗試，就是掌握不到「就是這個」的感覺。原來當初親手摸索出來的食譜和製作方法其完成度比自己想像中的還要完美，是市面上獨一無二的美味。YUMI女士目前正著手於研發一款與現階段食譜截然不同，口感更鬆軟的酵母甜甜圈麵團。這是第10年的新挑戰，她將以她那卓越的味蕾開創全新風味。

HUGSY DOUGHNUT 的
原味甜甜圈

DAY 1

攪拌・第一次發酵
家用製麵包機（製作麵團模式）
開始運轉的5分鐘後放入奶油，
揉好的麵團溫度為25度C

分割・滾圓
60g・圓形

中間發酵
室溫（21度C）・15分鐘

整形
直徑8cm的圓圈狀

第二次發酵
放入麵團塑膠盒中並蓋上蓋子 →
放在裝有煮沸熱水的鍋子上
麵團溫度27度C

乾燥
拿掉塑膠盒的蓋子 →
室溫・3～5分鐘

油炸
菜籽油（170度C）
油炸1分30秒 →
上下翻面後繼續油炸1分30秒

INGREDIENTS（約24個分）

A
　高筋麵粉（「EAGLE」NIPPN）… 400g
　低筋麵粉（「Super VIOLET」日清製粉）… 200g
　全麥麵粉（「Graham blend flour」日清製粉）… 200g
　種子島產粗糖 … 40g
　黑糖 … 40g
　鹽（蓋朗德鹽）… 8g
速發乾酵母（saf・金）… 4g
豆漿（成分無調整・常溫）… 250g
淨水（23度C）… 250g
奶油 … 90g
油炸用油（菜籽油）… 適量

DAY 1　攪拌・第一次發酵

1
將A食材於前一天事先計算好並分裝在袋子裡備用。

> 營業日當天少量且頻繁製作，大約20次。為了提高作業效率，事先分裝好每一次製作麵團所需的粉類分量。

2
將A食材倒入家用製麵包機的內鍋裡，然後加入豆漿和淨水。接著將速發乾酵母倒入酵母投入盒中（使用附有自動投入酵母功能的機種）。

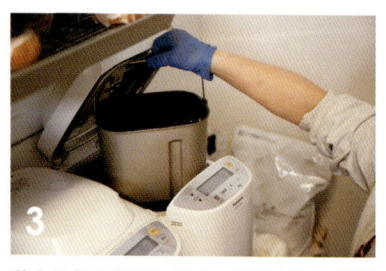

> 先倒入粉類，之後再加入液體類。

3
將內鍋放入製麵包機中，選擇麵包麵團模式並按下啟動鍵。

4
開始運轉後的5分鐘左右，掀開蓋子並確認麵團狀態。如果麵團已經成形，就倒入奶油。

> 在製麵包機運作過程中加入奶油。

5
開始運轉的大約1小時後，麵團應該已經完成第一次發酵。麵團溫度為25度C。

分割・滾圓

1 自內鍋取出麵團置於烤盤上。

> 用手迅速將麵團滾圓至光滑。

2 分割成每份60g左右。

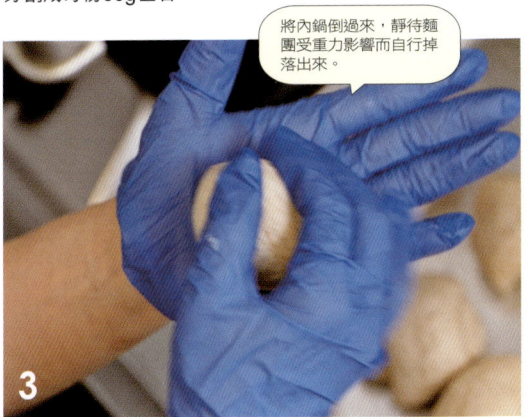

> 將內鍋倒過來，靜待麵團受重力影響而自行掉落出來。

3 將分割好的麵團置於手掌上，以另外一隻手畫圓將麵團滾成圓形。

中間發酵

1 在鋁製麵團盒裡鋪一張烘焙紙，並將滾圓的麵團排列在裡面，蓋上盒蓋，然後置於常溫（21度C）下進行15分鐘的中間發酵。

2 中間發酵完成後，麵團膨脹1倍大。

整形

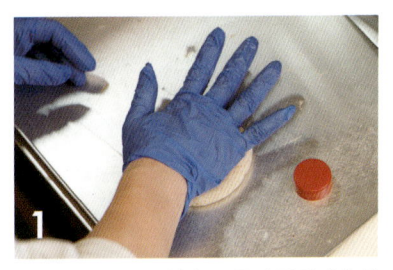

1 將麵團移至工作檯上，用手壓扁成直徑8cm大小。

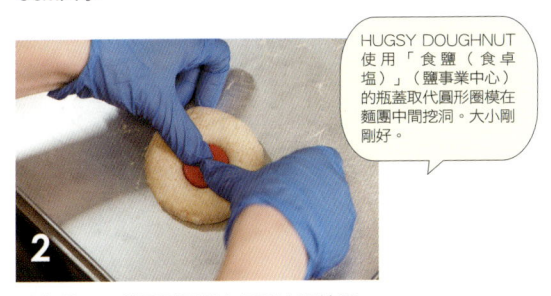

2 以直徑3cm的圓形圈模在麵團中間挖洞。

> HUGSY DOUGHNUT 使用「食鹽（食卓塩）」（鹽事業中心）的瓶蓋取代圓形圈模在麵團中間挖洞。大小剛剛好。

第二次發酵・乾燥

1

> 照片是為了拍攝而刻意掀開盒蓋的狀態。實際操作時會蓋上盒蓋。水煮沸後先暫時關火。

在鋁製麵團盒裡鋪上網架,將整形好的麵團排列在裡面。重新蓋上盒蓋,置於裝有煮沸熱水的大鍋上30分鐘,進行第二次發酵。

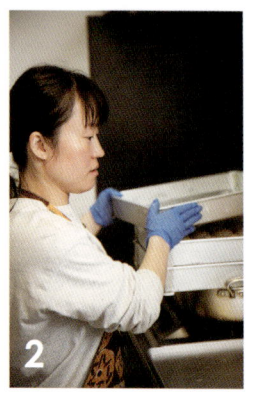

2

> 發酵速度若過快,可以掀開盒蓋降溫,或者直接將整個麵團盒移至棚架上。相反的,發酵速度若過慢,則再次點火煮沸熱水。

隨時確認麵團狀態,並且視情況調整溫度。

3

麵團膨脹至1倍大,表面變蓬鬆時代表發酵已經完成。麵團溫度為27度C。掀開麵團盒的盒蓋並置於棚架上。乾燥3～5分鐘讓麵團表面不黏手。

油炸

1

將麵團放入油炸鍋(菜籽油・170度C)中,油炸1分30秒,使用料理筷上下翻面。

2

翻面後繼續油炸1分30秒。置於網架上瀝油,並且放在常溫下冷卻。

HUGSY DOUGHNUT

Dragon

TOKYO
SEISEKI-SAKURAGAOKA

以抹茶口味的奶油酥餅搭配巧克力淋醬打造活靈活現的一條龍。可愛又有趣的設計，讓人印象深刻且過目不忘。是開幕以來就一直深受顧客喜愛的招牌品項。使用大量抹茶，濃郁的香氣與Q彈口感一拍即合。

HUGSY DOUGHNUT 的
龍造型甜甜圈

INGREDIENTS

抹茶奶油酥餅（50～55個分量）
A
　　奶油 … 180g
　　糖粉 … 125g
　　抹茶粉（製菓用）… 15g
　　鹽（蓋朗德鹽）… 2g
　牛奶 … 45g
　低筋麵粉（「Super VIOLET」日清製粉）… 450g

抹茶糖霜（12個分量）
　白巧克力 … 125g
　抹茶粉（同上）… 5g

收尾
　原味甜甜圈（P.56～58）
　開心果（整顆）* … 1個甜甜圈約放6～8顆
　＊烘烤奶油酥餅時，將開心果一起放在烤盤上進行烘烤
　（抹茶奶油酥餅製作方法請參照下列的 **1～12** 步驟）。

抹茶奶油酥餅

1 將 **A** 食材倒入桌上型攪拌機的攪拌盆中，裝上攪拌槳，以低速運轉攪拌。

2 攪拌至看不見粉末後轉為中速運轉攪拌均勻，約5～6分鐘。

3 維持中速運轉，慢慢倒入牛奶。再繼續以中速運轉攪拌1分鐘左右。

4 整體差不多拌勻後先按下停止鍵，用橡膠刮刀將沾附在攪拌盆四周的麵糊刮下來。

5 麵糊攪拌成團後，以低速運轉攪拌，分5～6次加入低筋麵粉。

6 攪拌至沒有粉末狀後，先按下停止鍵，同步驟 **4** 的操作。

7 麵團不再沾黏於攪拌盆內側面後，攪拌作業完成。

8 在工作檯上鋪一張保鮮膜並將取出的麵團包起來。稍微用手延展成方形，再以擀麵棍延展成厚度1cm的正方形。置於冷藏室30分鐘以上，讓麵團冷卻定形。

CHAPTER 1

HUGSY DOUGHNUT

9
以自製的龍模具在麵團上壓模,並用刀子刻畫龍的臉部輪廓,用櫻花模具的邊緣壓出鼻子形狀,以竹籤點出眼睛和鼻孔。

10
將壓模後剩餘的麵團切出一塊小三角形,作為龍尾巴使用。

11
在步驟9和10各製作好的麵團之間夾一張保鮮膜,然後層層疊放在密封盒中,置於冷凍庫裡保存。

12
將龍頭和龍尾巴排列在鋪有烤盤紙的烤盤上,並且將收尾用的開心果也一起放在烤盤上,放入160度C的烤箱中烘烤16分鐘。

抹茶糖霜

1　將食材倒入鋼盆中,隔水加熱。巧克力融化後,以打蛋器攪拌均勻。

收尾

1
用手拿著甜甜圈,將大約一半厚度沾裹抹茶糖霜後排列在網架上。

2
趁巧克力尚未凝固前,將酥餅(龍頭和龍尾巴)插入甜甜圈裡。

3
擺放3～4個開心果(整顆),剩餘的3～4顆則搗碎後撒在甜甜圈表面。

POINT

左側為刻畫鼻子用的櫻花壓模。右側為使用老虎鉗加工市售模具所自製的龍頭壓模。將插入麵團的部分削尖,插入麵團時比較不容易移位。

DONUT SHOP

61

HUGSY DOUGHNUT

Queen of Hearts

TOKYO
SEISEKI-SAKURAGAOKA

這款甜甜圈的命名靈感來自於迪士尼電影『愛麗絲夢遊仙境』。紅色與褐色的對比色彩增添一絲華麗感。冷凍乾燥草莓的香氣與酸味、牛奶巧克力的甜味、巧克力脆片的口感，彼此相輔相成，讓人百吃不厭。

心之女王甜甜圈

INGREDIENTS（1個分量）
原味甜甜圈（P.56～58）… 1個
調溫巧克力（牛奶）… 適量
草莓（冷凍乾燥）… 2顆
巧克力脆片（市售）… 適量

1. 2顆草莓中，1顆縱向切成4等分，另外1顆保留完整。
2. 以隔水加熱方式融化調溫巧克力。
3. 用手拿著甜甜圈，將大約一半厚度沾裹步驟 2 的調溫巧克力後排列於網架上。
4. 將完整的草莓擺在甜甜圈正中央，周圍則以切片草莓裝飾。最後整體撒上巧克力脆片。

HUGSY DOUGHNUT

Maple Bacon

**TOKYO
SEISEKI-SAKURAGAOKA**

這款甜甜圈的靈感來自於一家我在紐約最喜歡的甜甜圈專賣店「The Doughnut Project」，過去不曾體驗過的味道深深刺激我的味蕾。培根兩端酥脆可口，中間保留一定程度的濕潤感。楓糖糖霜增添整體風味的多樣化，甜鹹口味讓人一吃就上癮。

楓糖培根甜甜圈

INGREDIENTS（1個分量）
原味甜甜圈（P.56～58）… 1個
培根 … 適量
糖粉 … 適量
楓糖 … 適量

1　在烤盤上鋪一張烤盤紙，將切成1cm寬的培根均勻平放在烤盤紙上，放入預熱至180度C的烤箱中烘烤。烘烤20分鐘後，將所有培根混合在一起，然後每隔10分鐘再混合一起。烘烤30～50分鐘才能烘烤出兩端酥脆，中間濕潤的培根。建議備料分量為500g左右，特別留意若過度烘烤，培根可能硬得像橡膠。

2　將楓糖與糖粉混合在一起，調整至容易沾裹的濃稠度。

3　隔水加熱步驟2的食材，然後用手拿甜甜圈，將大約一半厚度浸在步驟2食材中，然後排列在烤盤上。

4　在糖霜凝固之前，將步驟1的培根均勻撒在甜甜圈表面。

DONUT SHOP

63

HUGSY DOUGHNUT

Rochet Banana

**TOKYO
SEISEKI-SAKURAGAOKA**

CHAPTER 1

64

這是一款店內享用的限定品項，在深受顧客喜愛的糖霜甜甜圈「HUGSY甜甜圈」表面放上整條焦糖香蕉。濃厚口感的香蕉帶有淡淡的肉桂香氣，再搭配焦糖的酥脆口感與香甜味，擺在蓬鬆甜甜圈上更添一絲溫暖的幸福美味。

火箭香蕉甜甜圈

INGREDIENTS（1個分量）

HUGSY甜甜圈
　　原味甜甜圈（P.56～58）… 1個
　　糖粉 … 適量
　　牛奶 … 適量

收尾
　　香蕉 … 1/2根
　　紅糖 … 適量
　　肉桂糖 … 適量

HUGSY甜甜圈

1　將牛奶倒入糖粉中混拌均勻，調整至容易沾裹的黏稠度。
2　隔水加熱步驟1的食材，然後用手拿甜甜圈，將大約一半厚度浸在1裡面並排列在烤盤上讓糖霜凝固。

收尾

1　將香蕉縱向對半切開（a），剝皮後備用。將香蕉擺在托盤上，兩面都撒上紅糖（b，c）。
2　以瓦斯噴火槍炙燒香蕉外側（d），讓紅糖呈現香香味濃郁的焦糖狀。香蕉翻面後同樣炙燒成焦糖狀（e）。為避免香蕉上的焦糖剝落，用菜刀托起香蕉（f），然後放在HUGSY甜甜圈上。最後撒些肉桂糖（g）。

HUGSY DOUGHNUT 的店鋪經營

理念是「一起來玩吧」
位於小路深處的祕密基地

SHOP INFORMATION

東京都多摩市関戸2-18-7
tel. 090-6164-1916
11:00～18:00
星期一～星期四公休・不定期公休
instagram@hugsydoughnut
hugsycafe.com

老闆　MATUKAWA HIRONORI 先生
　　　MATUKAWA YUMI 女士

HIRONORI先生1988年出生於廣島縣，在橫濱長大。東京農業大學營養學系畢業後，曾在餐飲業從事各種相關工作，25歲時與YUMI女士獨立創業。YUMI女士1988年出生於東京，是一名健康管理營養師。自關東學院大學人類環境學院健康營養學系畢業後，曾於咖啡廳、漢堡店等從事廚房與外場服務相關工作。獨立創業後，HIRONORI先生主要負責接待客人、網站與社群媒體經營、活動企劃等工作，而YUMI女士則負責製作甜甜圈。

在東京郊外的小城市・聖蹟櫻丘的住宅區裡據說有間神祕的甜甜圈專賣店。自2014年9月開幕後，這家店立即在網路上引發熱議。店家距離車站只要走路8分鐘，是一間藏身在小路深處的一般住家，而且只有週末才營業。就算運氣好找到這家店，卻也經常遇到銷售一空的情況。老闆夫婦笑著說，就是因為買甜甜圈的難度太高，反而讓這家店聲名大噪，但一切只是純屬巧合。

大學修讀營養學的2人是在店鋪開幕的8個月前才決定要創業。想要與人有所連結，想要打造充滿個性的有趣場所。正當2人思索著要開什麼店時，突然在雜誌上看到一家美式甜甜圈店，那種氛圍和2人的心境一拍即合。於是他們便決定以「一起玩吧」的理念開一家甜甜圈專賣店。由同時也是插畫家的HIRONORI先生負責整體視覺設計，然後由擅長烹飪和製菓的YUMI女士負責將各種靈感具體化。開店初期便廣受喜愛的龍造型甜甜圈「龍造型甜甜圈」（P.59），以及豪邁地擺上整根香蕉的限定酵母甜甜圈「火箭香蕉甜甜圈」（P.64）等，都是帶著玩心和創意所製作出來的產品。

而關於店鋪，一開始尋找的是頂讓的店鋪或可以作為餐飲業的民宅。然而第一次看到現在這個物件時，雖然覺得這裡不像是有人會來開店的地方，卻認為這其實也是一種樂趣。創業初期的前幾年，由於2人白天都在餐飲店工作，所以只有週末才營業。平均一天僅能製作出20～30個令人滿意的甜甜圈，但開業至今邁入第10年，已經有能力在活動期間製作出高達1,000個甜甜圈。酵母甜甜圈的食譜有40種、歐菲香甜甜圈的食譜有5種左右，每天從中挑選12種上架。營業時間為早上5點到下午3點，當天根據銷售情況，進行20次左右的揉麵團和油炸作業。現在家中成員已經增加至4人，而靠著不斷摸索並親手打造的甜甜圈專賣店，今天也同樣會綻放笑容並充滿熱鬧的笑聲。

CHAPTER 1

66

舒適又療癒的空間

距離最近的車站，走路不到10分鐘。藏身在巷弄深處，從大馬路邊完全看不到。小路深處有塊顯眼的招牌，進門前需要脫鞋，老宅改建的店面有桌椅坐席、矮桌、沙發、和室桌等多種座位。是一個能夠讓人放鬆又療癒的空間，不少客人都會攜家帶眷前來，書架上也擺滿老闆夫妻最愛的旅行和美食藏書。

外觀設計與命名都充滿十足童心

「龍造型甜甜圈」（上左照片・P.59）是以自製模具（上右照片）壓模的酥餅搭配甜甜圈製作而成。同系列的產品還有鴨子、暴龍和三角龍等。而取名為「猩猩造型」（左側照片的右下）甜甜圈則是帶有檸檬風味的歐菲香甜甜圈，另外還有「心之女王甜甜圈」（左側照片的右上，P.62），這些甜甜圈的名字都讓人留下深刻印象。

店家理念「一起來玩吧」。不受限的自由自在

除了能吃的甜甜圈之外，店內還展售許多原創商品，像是以甜甜圈為主題的書籍、服裝設計師以甜甜圈圖樣的布料所製作的袋子和圍裙，以及與皮革師合作打造的胸針、以「龍造型甜甜圈」為藍圖製作的軟膠玩具等等。老闆還會在社群平台上，以主題為甜甜圈的「砂糖天婦羅」帳號發表自己剪輯的動畫影片。透過各式各樣的形式將「一起來玩吧」的理念加以具體化。

採訪當天的產品陣容（共13種）

酵母甜甜圈 11種
- 心之女王甜甜圈 330日圓
- 櫻花甜甜圈 260日圓
- 可可餅甜甜圈 250日圓
- 香橙甜甜圈 220日圓
- HUGSY甜甜圈 190日圓
- 楓糖培根甜甜圈 280日圓
- 香橙開心果甜甜圈 270日圓
- 香橙椰子甜甜圈 270日圓
- 香橙巧克力甜甜圈 270日圓
- 龍造型甜甜圈 350日圓
- 火箭香蕉甜甜圈 300日圓

蛋糕甜甜圈 2種
- 紅茶Fashion 330日圓
- 猩猩造型甜甜圈 290日圓

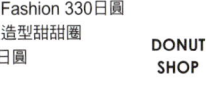

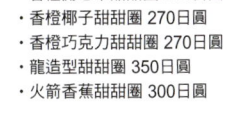

SUPER SPECIAL DOUGHNUT的麵團

Super Special Doughnut

DONUT SHOP

**TOKYO
FUTAKO-SHINCHI**

愛好甜甜圈的甜點主廚
打造頂級美味的貝奈特

製作讓卡士達醬的美味
更升級的麵團

　　SUPER SPECIAL DOUGHNUT是2位甜點師傅金子女士與黑坂女士經營的甜點店「CHERCHEUSES」所誕生的甜甜圈品牌。一切的出發點來自「既然身為甜點師傅，更要製作出美味的甜甜圈」。所以決定先參考法式油炸甜點貝奈特製作甜甜圈麵團，然後搭配每天精心製作的卡士達醬作為內餡。製作卡士達醬時，十分講究材料和製作方法，深信美味的內餡來自於優質食材，所以嚴格挑選那須御養蛋、北海道產的奶油和濃郁牛奶等優質食材。完全不使用玉米澱粉，單憑低筋麵粉來製作「蓬鬆柔軟」的麵團。首要目標是製作能夠突顯卡士達醬美味的麵團。

米粉或樹薯粉所沒有
唯獨小麥麵粉特有的Q彈嚼勁

　　我們重視Q彈又濕潤的口感，但為了不讓卡士達醬搶盡鋒頭，使用高達9成的高筋麵粉，並且延長攪拌時間，藉此讓麵團產生更多麩質以突顯Q彈口感。起初使用日本國產的高筋麵粉，但為了讓口感更具彈性，進而改用保水性較佳的「Painnovation」（NIPPN），含水率也提高30%左右。

　　另外在甜味方面，我們只是加量使用蜂蜜。比起晶粒白砂糖，蜂蜜的保水性更好，不僅更具濕潤感，也增添獨特的溫潤風味。製作麵團時不添加雞蛋，因為製作卡士達醬時已經使用優質雞蛋，為了保留雞蛋風味，也為了整體平衡，所以麵團裡不再使用雞蛋。曾經嘗試使用日本國產奶油或發酵奶油，但幾經試驗後，發現使用法國產的發酵奶油所製作的麵團最為美味。金子女士表示「我其實並不討厭國產奶油的柔和奶香味」，但最終選擇法國產的發酵奶油，主要因為這款奶油帶有礦物質風味且味道濃郁，和自製的卡士達醬最相配。

　　使用菜籽油作為油炸用油，既有懷舊的風味，還帶有一股獨特的醇厚感，油炸出來的甜甜圈最為美味。僅最先入鍋的那一面再次進行油炸，這樣即便冷卻後，甜甜圈也不會塌陷，依舊能夠保持蓬鬆圓滾滾的模樣。

SUPER SPECIAL DOUGHNUT 的
貝奈特

DAY 1

攪拌
KitchenAid（廚師機，鉤狀攪拌頭）
低速運轉約1分鐘 →
中速運轉約5分鐘 → 放入奶油 →
中速運轉3～4分鐘 →
高速運轉約5分鐘

第一次發酵
30度C・1小時

分割・整形
45g・圓形

中間發酵
室溫（21度C）・10分鐘

整形
厚度1.5cm圓形

第二次發酵
30度C・40分鐘

油炸
菜籽油（170度C）
2分鐘 → 上下翻面後油炸2分鐘 →
上下翻面再油炸10秒

冷卻
室溫（21度C）・約20分鐘

收尾
撒上晶粒白砂糖

INGREDIENTS（約22個分）
高筋麵粉（「Painnovation」NIPPN）… 450g／90%
低筋麵粉（「DOLCE」江別製粉）… 50g／10%
鹽（蓋朗德鹽之花）… 8g／1.6%
半乾性酵母（saf・金）… 5g／1%
蜂蜜 … 80g／16%
水 … 260g／52%
牛奶 … 120g／24%
法國產發酵奶油（Isigny）… 60g／12%
油炸用油（菜籽油）… 適量
晶粒白砂糖 … 適量

DAY 1　攪拌

1
從高筋麵粉到牛奶全倒入桌上型攪拌機的攪拌盆中，安裝鉤狀攪拌頭，以低速運轉攪拌約1分鐘，攪拌至沒有粉末狀後轉為中速運轉。

2
由於食譜分量較少，為了避免結塊，在攪拌過程中移開攪拌盆，手持鉤狀攪拌頭以從底部向上撈的方式充分攪拌均勻。

3
運轉攪拌約5分鐘，麵團延展性變好後，移開攪拌盆，以刮板從底部向上撈，確認是否有殘塊。如果有殘塊，繼續攪拌至均勻。

4
如照片所示，麵糊攪拌成團且延展性佳時加入奶油一起攪拌。

CHAPTER 1

5

以中速運轉攪拌3～4分鐘。

6

攪拌過程中移開攪拌盆，以刮板由下往上撈，發現有殘留塊狀奶油時要將其搗碎。

> 備料為2倍的情況下，奶油通常不會殘留塊狀，所以可以省略這個步驟。

7

將奶油攪拌均勻後轉為高速運轉，繼續攪拌5分鐘。

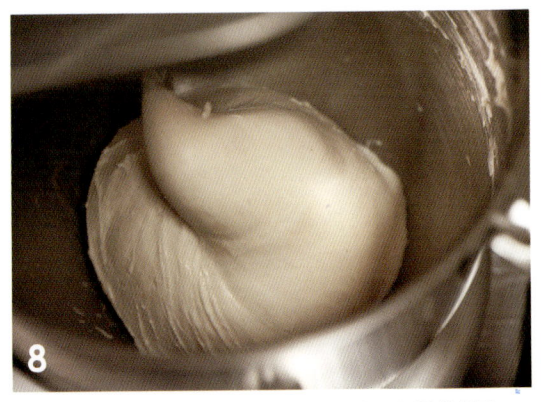

8

根據麵團的狀態判斷是否完成揉麵團作業。如照片所示，麵團表面光滑且不黏手時，就可以移開攪拌機。

第一次發酵

1

覆蓋保鮮膜，放入溫度30度C的小型發酵箱中，進行1小時的發酵作業。照片為發酵後的狀態。

2

以手指插入麵團中，稍微能夠恢復原狀就代表發酵完成。

分割

1

取出麵團並放在工作檯上，分割成每份45g。

2

撒上手粉，左右手各自將麵團搓揉成圓形。以畫大圓的方式快速滾動20～30次，讓麵團表面光滑且圓潤飽滿。

3

將麵團置於手掌上，用雙手進一步搓圓後翻面，若底部不夠光滑平整，用指尖捏緊2～3次並確實封口。

4

在烤盤上鋪一張烤盤紙，將滾圓的麵團以適當間隔排列在烤盤上。放在室溫（21度C）下進行10分鐘的中間發酵。照片上方為中間發酵前的狀態，下方為中間發酵後的狀態。

整形

1

使用圓筒狀糖粉篩撒上手粉，並且輕壓麵團成1.5cm厚度的圓形。

第二次發酵

1

將麵團放入溫度30度C的小型發酵箱中，進行發酵40分鐘。

2

發酵後。麵團膨脹成一倍大。

油炸

1

將擺麵團的烤紙，剪成2個1組的大小。

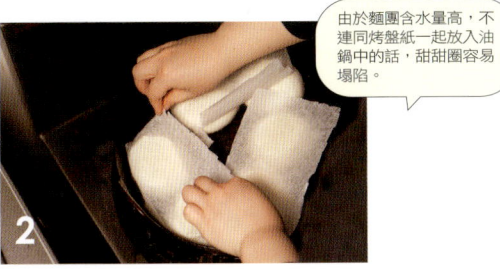

Super Special Doughnut

2

由於麵團含水量高，不連同烤盤紙一起放入油鍋中的話，甜甜圈容易塌陷。

銅鍋裡倒入菜籽油，加熱至170度C，將步驟1的麵團連同烤盤紙一起放入熱油中。

3

烤盤紙自然脫落的話，用鑷子夾起來。

4

天氣寒冷時，麵團特別容易塌陷，採用這種方式油炸相對不容易塌陷。

兩面各油炸2分鐘，然後最先進油鍋的那一面再次油炸10秒左右。

5

放在網架上瀝油。

6

為了避免甜甜圈扁塌，將甜甜圈立起來排列，然後靜置冷卻。

瀝乾油後，將甜甜圈立起來排列在鋪有網架的托盤上，靜置在室溫（21度C）下20分鐘冷卻。

7

將晶粒白砂糖倒入鋼盆中，接著放入微溫的甜甜圈，搖晃鋼盆讓甜甜圈沾裹晶粒白砂糖。

8

客人下單時再填入內餡，在那之前都保持立起來的狀態。

將甜甜圈立起來並排列在鋪有網架的托盤上。

DONUT SHOP

73

Super Special Doughnut

Vanille

**TOKYO
FUTAKO-SHINCHI**

選用優質雞蛋製作卡士達醬，裡面添加香草和柑曼怡香橙干邑甜酒，香氣迷人四溢。濃郁香醇的卡士達醬，其存在感完全不輸給麵團。想要純粹享用卡士達醬的美味，絕對不能錯過這一款最受歡迎的招牌甜甜圈。

香草貝奈特

INGREDIENTS（約13個分量）
貝奈特（P.70～73）… 約13個
卡士達醬（備料分量）
　牛奶 … 500g
　蛋黃（那須御養蛋・M尺寸）… 5顆
　晶粒白砂糖 … 100g
　低筋麵粉（「DOLCE」江別製粉）… 50g
　奶油（北海道產）… 100g
香草卡士達醬
　卡士達醬 … 取上述卡士達醬400g
　香草莢醬（MIKOYA香商）… 4g
　柑曼怡香橙干邑甜酒 … 8g

卡士達醬

1 鍋裡倒入牛奶，邊攪拌邊加熱至快要沸騰。

2 加熱牛奶期間，將蛋黃和晶粒白砂糖混拌均勻。

3 晶粒白砂糖溶解且整體稍微泛白後，倒入低筋麵粉快速混拌在一起。麵粉攪拌均勻就好。

4 步驟1鍋內加熱的牛奶開始出現小氣泡後即關火。

5 將牛奶倒入裝有蛋黃的鋼盆裡，快速攪拌均勻。

> 為了避免結塊，快速攪拌均勻。

6 使用濾網過濾，已經略呈濃稠狀態。

7

加熱時為避免燒焦,快速繞圈攪拌。

將步驟 **6** 的食材倒回鍋裡,以大火加熱。旋轉般搖晃鍋子的同時,以橡膠刮刀快速攪拌。

8

鍋內材料短暫性變得有些硬,攪拌時略感吃力。但隨著麩質斷裂,整體逐漸變柔軟滑順。這時候轉為小火,繼續邊攪拌邊加熱 1 分鐘。

9

不使用已經融化的奶油,刻意使用固體狀奶油,透過攪拌使其融化,並且充分乳化。

自火爐上移開鍋子,添加奶油後快速攪拌使奶油融化。

10

將保鮮膜直接緊貼於食材表面,然後放入冰水中急速冷卻。

香草卡士達醬

1

趕時間的情況下,可以連同擠花袋一起浸泡在冰水中加速冷卻。

在卡士達醬裡添加香草莢醬和柑曼怡香橙干邑甜酒。用橡膠刮刀以由下往上的方式充分攪拌均勻,然後填入擠花袋中並置於冷藏室裡冷卻。

收尾

1

用線狀花嘴在貝奈特上挖孔。

2

剪開擠花袋前端,插入貝奈特的洞孔中,每個貝奈特約擠入 30g 的香草卡士達醬。

Super Special Doughnut

Chocolate

**TOKYO
FUTAKO-SHINCHI**

貝奈特裡填滿牛奶巧克力甘納許，帶有可可的香氣和適度苦味，但同時也能夠品嚐牛奶巧克力特有的風味與柔和甜味，是一款任何人都喜愛且感到滿足的美味甜甜圈。

巧克力貝奈特

INGREDIENTS（1個分量）
貝奈特（P.70～73）… 1個
甘納許
調溫牛奶巧克力
（「823」CALLEBAUT）… 適量
鮮奶油（乳脂肪35%）
　… 調溫巧克力的一半分量

1　將調溫巧克力倒入鋼盆裡，然後倒入加熱至快沸騰的鮮奶油。以打蛋器充分攪拌至乳化。填入擠花袋（不裝花嘴）中，靜置冷卻備用（a）。

2　用線狀花嘴在貝奈特上挖洞，剪開步驟 1 的擠花袋一角，將冷卻備用的甘納許（30g）填入貝奈特中（b）。

DONUT SHOP

77

Super Special Doughnut

Framboise Pistache

**TOKYO
FUTAKO-SHINCHI**

在卡士達醬裡拌入開心果醬並填入貝奈特中,然後再擠入一些覆盆子糖漬果粒果醬。藉由覆盆子的清爽酸味,讓充滿濃郁且高雅的開心果香氣更加鮮明。

Super Special Doughnut

覆盆子開心果甜甜圈

INGREDIENTS
貝奈特（P.70～73）… 適量
開心果奶油（約17個分量）
　卡士達醬（P.75～76）… 400g
　開心果醬（Agrimontang）* … 40g
覆盆子糖漬果粒果醬（備料分量）
　覆盆子（冷凍）… 350g
　晶粒白砂糖 … 175g
　果膠 … 5g

＊　無糖。單純使用開心果製作開心果醬。義大利產。

開心果奶油

1. 在卡士達醬裡拌入開心果醬，以橡膠刮刀像搗碎果粒般攪拌均勻。注意不要過度攪拌，否則質地會變得過於稀軟。填入擠花袋（不裝花嘴）中，靜置冷卻備用。
　→ 攪拌完成後會如同照片 a 所示，開心果醬散布，整體呈大理石般的花紋。趕時間的話，可以連同擠花袋一起浸泡在冰水中加速冷卻。

覆盆子糖漬果粒果醬

1. 取25g晶粒白砂糖與果膠混拌在一起。剩餘的晶粒白砂糖和覆盆子一起放入鍋裡（b）。
2. 以中火加熱步驟1的鍋子，邊攪拌邊輕輕搗碎覆盆子，當覆盆子和晶粒白砂糖都溶解後轉為大火，繼續邊攪拌邊搗碎，加熱至發出咕嘟咕嘟的聲響（c）。
3. 搗碎果粒後，加入混合在一起的晶粒白砂糖和果膠，邊攪拌邊熬煮。
　→ 因為要填入甜甜圈裡面，所以需要熬煮得濃稠些。透過添加果膠來增加濃稠度。
4. 繼續熬煮5～10分鐘，如同照片 d 所示，果醬滴落時呈圓球狀就完成了（e）。
5. 倒入鋼盆中，用保鮮膜緊密覆蓋於果醬表面（f），靜置在常溫下冷卻。

收尾

1. 用線狀花嘴在貝奈特上挖洞，剪開裝有開心果奶油的擠花袋前端，將25g的開心果奶油填入貝奈特中。
2. 將覆盆子糖漬果粒果醬裝入擠花袋中，在前端剪個小口。將前端插入步驟1的開心果奶油中，擠入5g左右的覆盆子糖漬果粒果醬（g）。

DONUT SHOP

79

Super Special Doughnut

Assiette Dessert de Beignet

**TOKYO
FUTAKO-SHINCHI**

CHAPTER 1

80

填入咖啡卡士達醬內餡的貝奈特，再搭配日本栗奶油，完美呈現法式風盤式甜點。日本栗的溫潤香氣和味道襯托咖啡的苦味與香氣。以牛奶冰淇淋鋪底，再以帶薄膜的栗子甘露煮和鑽石餅乾點綴。

咖啡貝奈特搭日本栗的盤式甜點

INGREDIENTS

咖啡貝奈特（約3人份）
　　貝奈特（P.70～73）… 3個
　　卡士達醬（P.75～76）… 100g
　　咖啡豆（研磨）*1 … 3g
收尾（1人份）
　　蜂蜜 … 適量
　　榛果醬 … 適量
　　日本栗子醬（熊本產）… 適量
　　鮮奶油（乳脂肪35％）… 適量
　　咖啡鑽石餅乾（解說省略）… 1/2片
　　牛奶冰淇淋（解說省略）… 65g
　　帶薄膜的栗子甘露煮（解說省略）… 1顆
　　杏仁（片狀）*2 … 適量

*1　向「Roast Design Coffee」（東京・新百合丘，登戶）訂購原創混合咖啡豆。訴求是能夠搭配奶油的咖啡豆，所以選擇中度烘焙以提升咖啡豆油脂的香氣。
*2　放入預熱至180度C烤箱中烘烤7～10分鐘。

咖啡貝奈特

1　將咖啡豆加入卡士達醬中，以橡膠刮刀混拌均勻。填入擠花袋（不裝花嘴）中冷卻備用。

2　用線狀花嘴在貝奈特上挖洞，剪開步驟1的擠花袋前端，將30g的咖啡卡士達醬填入貝奈特中。

收尾

1　將同比例的蜂蜜和榛果醬混合在一起備用。

2　將鮮奶油和日本栗子醬混合在一起，攪拌至容易擠花的濃稠度，然後填入裝有蒙布朗花嘴的擠花袋中，靜置冷卻備用。

3　將咖啡貝奈特置於盤中（**a**）。在貝奈特前方塗抹10g左右的步驟1食材（**b**），然後撒些搗碎的咖啡鑽石餅乾（**c**），接著再放上1球牛奶冰淇淋（**d**）。

4　將步驟2食材擠在貝奈特和冰淇淋上（**e**）。最後以帶薄膜的栗子甘露煮和杏仁片點綴（**f**）。

Super Special Doughnut

Parfait au Beignet

**TOKYO
FUTAKO-SHINCHI**

貝奈特的內餡是添加開心果醬的卡士達醬，另外再搭配香氣清爽又迷人的草莓和草莓雪酪，打造聖代風格的甜甜圈。添加藍莓糖漬果粒果醬來提味，能夠同時享用莓果與開心果的雙重好滋味。

CHAPTER
1

82

開心果貝奈特 vs 莓果百匯

INGREDIENTS

開心果貝奈特（1人份）
　貝奈特（P.70～73）… 1個
　開心果奶油（P.79）… 30g

藍莓糖漬果粒果醬（備料分量）
　藍莓（冷凍）… 500g
　白砂糖 … 250g

草莓雪酪（備料分量）
　草莓*1 … 200g
　草莓糖漬果粒果醬*2 … 200g
　晶粒白砂糖 … 100g
　增稠劑（Vidofix）… 2.5g

收尾（1人份）
　卡士達醬（P.75～76）
　　… 1大匙
　草莓 … 4顆
　發酵奶油製作的酥餅（省略解說）
　　… 1/2片＋1片
　煉乳 … 適量
　開心果（搗碎）… 適量

＊1　挑選小顆草莓，以去蒂後的重量計算。整顆使用。
＊2　草莓和晶粒白砂糖的比例為2：1，放入鍋裡以中火加熱，邊搗碎邊加熱熬煮。晶粒白砂糖全部溶解後，轉為大火熬煮。滴在平坦處，能夠呈球狀的狀態就完成了。

開心果貝奈特

1　用線狀花嘴在貝奈特上挖洞，填入30g的開心果奶油。

藍莓糖漬果粒果醬

1　將藍莓和白砂糖放入鍋裡，以中火加熱，攪拌時輕輕壓碎藍莓。白砂糖溶解後轉為大火，同樣邊攪拌邊壓碎，熬煮至沸騰。

2　滴在平面上後能夠呈球狀的濃稠狀態就算完成。移至鋼盆裡，用保鮮膜覆蓋並緊密貼合於食材表面，置於常溫下冷卻。

草莓雪酪

1　將所有食材倒入攪拌機中，攪拌至整體絲滑柔順。然後倒入冰淇淋機中製作成雪酪。

收尾

1　將卡士達醬擠在玻璃杯底（a）。將其中一顆草莓去蒂並縱向切成4等分，然後環繞卡士達醬排列。其餘3顆草莓先保留（b）。

2　取適量藍莓糖漬果粒果醬倒入卡士達醬上面，接著放入搗碎的1/2片發酵奶油製成的酥餅（c）。

3　再來放入開心果貝奈特，以菜刀在貝奈特表面劃十字形，稍微用手指撐開（d）。

4　取剛才保留的3顆草莓，去蒂後切成3mm厚度的薄片，繞著貝奈特豎著排列成一圈（e）。
　▶ 排列時讓後方的草莓略高，前方的草莓略低，打造優美的高低層次視覺效果。

5　放上1球草莓雪酪再淋上煉乳（f）。最後撒些開心果，並且以1片發酵奶油製作的酥餅作為裝飾（g）。

SUPER SPECIAL DOUGHNUT 的店鋪經營

隨心所至的創意
打造一期一會的美味

SHOP INFORMATION

SUPER SPECIAL DOUGHNUT
instagram@super_special_doughnut
※活動開店日期請洽詢Instagram

chercheuses
神奈川県川崎市高津区諏訪1-9-23
ポールメゾンII 1F
Tel. 無提供
11:00〜19:00
不定期公休
instagram@chercheuses_ chercheuses-dessert.shopinfo.jp

老闆・甜點師傅
金子真利奈 女士
1988年出生於東京・國立。就讀製菓專門學校時立志成為專門製作甜點的甜點師。畢業後曾在法式料理店、日本料理店、「FOXEY V.I.P. cafe」（東京・銀座・青山）負責製作甜點。2019年4月和前同事，同樣身為甜點師傅的黑坂奈莉子女士共同獨立創業。

CHAPTER 1

Q彈紮實的麵團裡填滿大量濃郁的卡士達醬。這款讓人一吃就難以忘懷的甜甜圈，出自2位在二子新地經營甜點專賣店「chercheuses」的甜點師傅之手。受到新冠疫情的影響，當時店鋪不得不轉為以外帶商品為主的經營模式。於是2人承襲著店名「chercheuses（研究者）」的意義，趁著這個時間點開始探索並追求自己心心念念想要製作的甜點，並且將成果陳列於展示架上，而其中一個成果就是甜甜圈。

起初陳列在店裡的甜甜圈是卡士達醬貝奈特和覆盆子糖漬果粒果醬貝奈特2種，準備了大約50個，才剛發出IG限時動態沒多久，轉眼間就銷售一空。從那之後，店家會事先宣布「甜甜圈之日」，並且準備多達400個甜甜圈，而通常店門一開，外面已經排滿長長人龍。

自此每個月1次定期舉辦「甜甜圈之日」的活動，每次都吸引大量人潮排隊。除了經典的香草卡士達醬甜甜圈，每一次都會推出不同的全新口味，而且絕不重複出現。前一天以隔夜發酵方式製作的甜甜圈，通常差不多一過中午就售完，而營業當天早上則會以直接發酵方式製作一批新的甜甜圈，並於傍晚左右油炸出爐。為了回應顧客的廣大迴響，2021年5月在東京・森下開了一間甜甜圈專賣店，而且也為了強調甜甜圈的親民形象，取了個一看就知道的「SUPER SPECIAL DOUGHNUT」店名。當初尋找店面時就知道該建築物預計於3年後拆除，所以一開始就設定為營業3年的期間限定店。雖然實體店鋪已於2024年5月結束營業，但依舊保留品牌名稱，並且改為透過參與市集活動的形式持續營運。而chercheuses的「甜甜圈之日」也於6月底復活，於每週六日與大家見面。身為甜點師傅的2人也將繼續埋首於鑽研新產品。

相同口味不重複出現
打造顧客想一再上門的豐富品項

初次販售甜甜圈是在2020年6月，不到半年時間便決定創業開一家甜甜圈專賣店，於是2021年5月，實體店面在東京‧森下開幕了。在那段期間，每月舉辦一次「甜甜圈之日」，除了招牌「香草口味甜甜圈」（P.74〜76）之外，每次都會推出不同口味的甜甜圈，而且相同口味不會重覆出現第二次。開業期間推出的甜甜圈多達25種，將其中最受歡迎的6種（請參照採訪當天的產品陣容）作為店裡的招牌品項，另外再提供季節性限定品項3〜5種。有時候也會推出聖代或盤式甜點品項。今後預計配合活動主體和設攤場所，推出更自由靈活的菜單。

充分發揮法式甜點師傅的本領
為甜甜圈製作專屬卡士達醬

考慮到顧客的路程或許較為遙遠，特別提高卡士達醬裡的奶油比例。這不僅讓卡士達醬不容易變形，也讓麵團不會因為水分滲入而變得濕軟。奶油甜甜圈不同於一般新鮮甜點，單純只使用麵團和奶油構成，因此基於整體風味的平衡，不需要刻意壓抑卡士達醬的味道，而是要反過來徹底追求奶油的濃郁與味道。

起源於盤式甜點專賣店

森下的甜甜圈專賣店結束營業後，轉移至「chercheuses」的廚房製作甜甜圈。該店目前由2個相鄰的空間構成，一是專供外帶的店面，一是可以內用的咖啡廳，咖啡廳裡提供一年4次（春夏秋冬）的盤式甜點套餐。套餐內容包含5盤甜點和3款適合搭配甜點的飲品，價格為8,800日圓起。至於外帶店裡共有40種常溫甜點、5種糖漬果粒果醬、10種左右的生菓子供客人選購。商品種類與搭配組合經常在改變，有些商品甚至只會在店裡出現一次。秉持一期一會的精神，在每個階段都帶著熱情，以期打造出最美味的甜點。

採訪當天的產品陣容（共9種）
招牌奶油甜甜圈 5種
- 香草風味甜甜圈 500日圓
- 紅茶風味甜甜圈 500日圓
- 咖啡風味甜甜圈 500日圓
- 覆盆子開心果風味甜甜圈 650日圓
- 焦糖堅果風味甜甜圈 600日圓
- 巧克力風味甜甜圈 550日圓

季節限定品項 4種
- 莓果馬斯卡彭起司風味甜甜圈 680日圓
- 抹茶白巧克力奶油風味甜甜圈 620日圓
- 櫻花酒粕牛奶風味甜甜圈 620日圓
- 紅豆奶油風味甜甜圈 550日圓

NAGMO DONUTS 的麵團

NAGMO DONUTS

DONUT SHOP

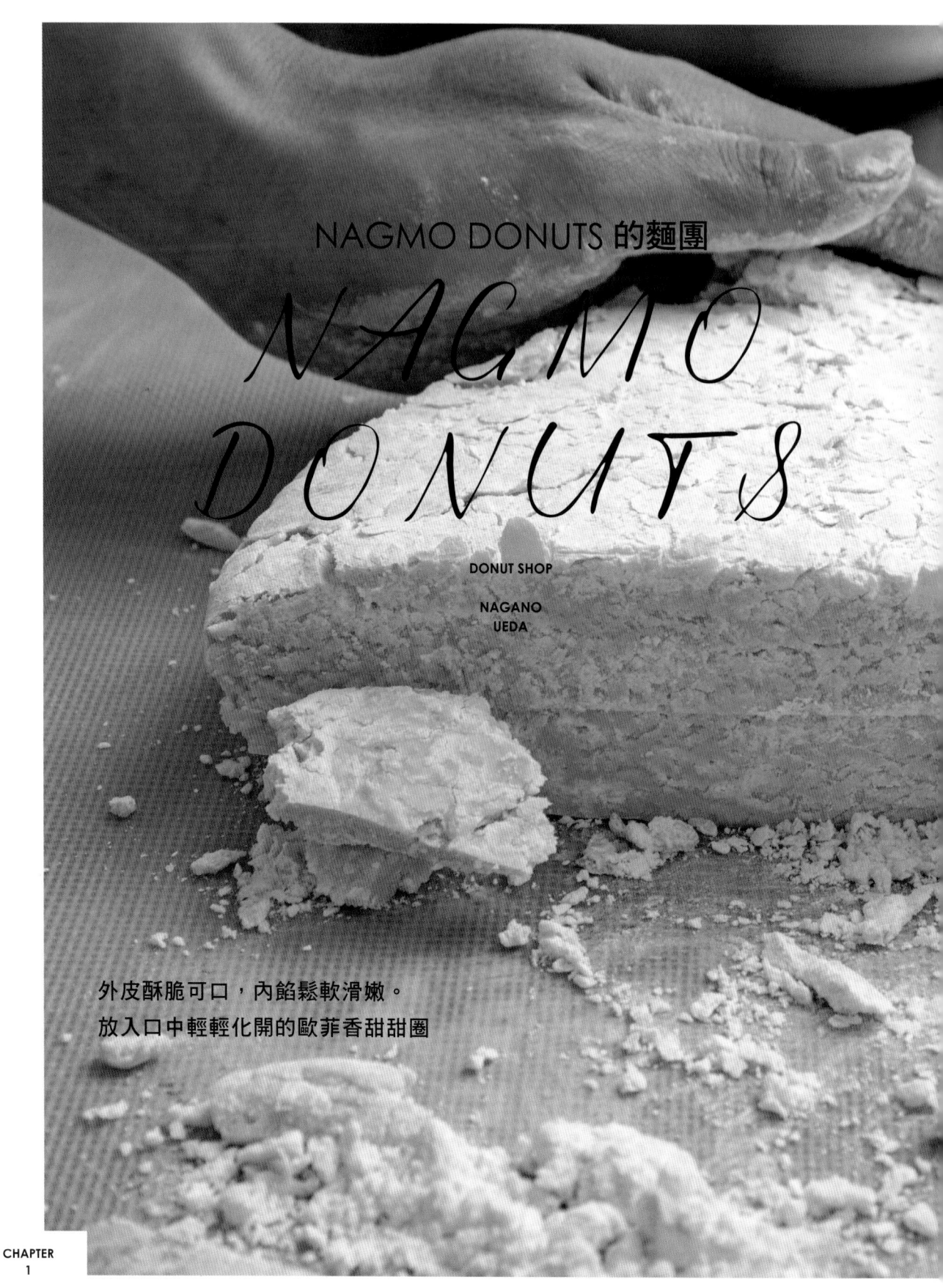

NAGANO
—
UEDA

外皮酥脆可口，內餡鬆軟滑嫩。
放入口中輕輕化開的歐菲香甜甜圈

CHAPTER 1

為了延長細膩口感

為了讓甜甜圈能夠長時間保持酥脆鬆軟口感，不斷嘗試製作並請家人和朋友試吃，最後終於確立了一套獨特的製作過程，那就是將少量製作的麵團先放入冷凍庫裡保存，然後整形並油炸後再靜置一晚。店裡使用的麵團只有一種，為了提高完成度，以各式各樣的配料進行裝飾，藉此呈現甜甜圈的多樣化。製作麵團時特別講究酥脆與鬆軟兼具的口感，以及能夠長時間維持猶如剛起鍋的口感，最後再以各式配料襯托完美口感。為了做到這一點，使用能夠製作出輕盈酥脆口感的低筋麵粉，以及選用既能夠突顯配料風味且長時間保持酥脆口感，無味無臭的酥油。另外，為了去除雞蛋的腥臭味，每顆雞蛋搭配使用10ml的低溫殺菌牛奶攪拌成蛋液。控制砂糖用量且使用帶有溫潤甜味的蔗砂糖，藉此不要讓麵團過於甜膩。

不使用機器，完全手工製作。
以1kg為單位，少量且多次製作麵團

為了打造理想中的口感，關鍵在於揉麵團時不要用力揉捏，不要讓麵團變得太黏稠。以能夠製作9個甜甜圈的1kg麵團為基本單位，純手工精心製作，每個步驟都小心翼翼地直到完成整形作業。受到當天溫度和濕度的影響，麵團難免產生細微變化，所以感覺麵團乾燥時多添加一些蛋液，感覺黏稠時則多加一些麵粉進行調整，目標是製作出每一批的品質都能一致且穩定的甜甜圈。

不惜花費時間與精力，
力求謹慎製作

剛做好的麵團容易變形，無法立即壓模，必須冷凍保存一晚以上。麵團一旦稍有變形，不僅影響成品外觀和口感，也容易造成油炸用油變渾濁。將麵團整形成圓圈狀後，逐一手工清除碎屑，讓麵團表面光滑柔順，這是油炸之前的一個重要步驟。油炸用油方面，選擇不易氧化且油炸後色澤乾淨的菜籽油。除此之外，使用能夠同時放入5個麵團的鐵鍋，油炸時緩慢攪動，穩定將油溫維持在170度C，下鍋後且在麵團表面變硬定型之前，盡量不觸碰甜甜圈。即便很快就上色，為了避免粉末殘留而影響口感，還是堅持表面油炸5分鐘，翻面後再繼續油炸4分鐘。油炸後靜置一晚讓口感更加穩定，完美呈現外酥內軟口感的甜甜圈。

NAGMO DONUTS 的
歐菲香甜甜圈

DAY 1

準備麵團
材料混合在一起 →
擀成厚度約1.5cm・約20cm×
約15cm的長方形 →
冷凍12小時以上

DAY2

解凍
冷藏室（2～4度C）・3～4小時

整形
圓圈狀

油炸
有機酥油（170度C）
油炸5分鐘 → 翻面後再油炸4分鐘
靜置室溫（20度C）下冷卻

配料
以糖霜・巧克力等沾裹或裝飾甜甜圈

靜置
冷藏室（2～4度C）・一晚

DAY 3

販售
未使用焦糖或巧克力的甜甜圈恢復至常溫

INGREDIENTS（9個分量）

低筋麵粉（「Super VIOLET」日清製粉）… 630g
泡打粉 … 12g
有機酥油（DAABON・Organic・Japan）… 120g
蔗砂糖（日新製糖）… 140g
鹽（蓋朗德鹽之花）… 2g
蛋液*1 … 190g
油炸用油（菜籽油）… 適量

*1　全蛋（L尺寸）3顆搭配30ml低溫殺菌牛奶混拌均勻，然後從中取190g使用。雞蛋和牛奶於使用前都先冷藏保存。先打散雞蛋，再添加牛奶，用打蛋器充分攪拌均勻。

DAY 1　準備麵團

> 酥油恢復至常溫。麵團製作方式近似司康或磅蛋糕，但為了避免油炸過程中變形，務必充分揉合成團。

> 麵團製作以少量分次方式進行，邊確認麵團狀態邊進行手工攪拌，力求將材料攪拌均勻。

1　將酥油、蔗砂糖和鹽放入鋼盆中，以橡膠刮刀充分攪拌至融合在一起。

2　以打蛋器取代橡膠刮刀，由下往上攪拌。整體攪拌至均勻，濃稠度類似髮油的狀態。

CHAPTER 1

88

NAGMO DONUTS

> 照片為第一次加入蛋液並混拌在一起的狀態。倒入蛋液後，用力攪拌，像是要攪拌至乳化的感覺。酥油的油脂和蛋液的水分容易產生分離現象，如果能在最初1～2次的攪拌中充分拌勻至乳化，就不會發生油水分離現象。

3

將蛋液分成4次倒入步驟**2**的食材中，每次都要用打蛋器以由下往上的方式混拌均勻。

4

倒入第**1**次的蛋液後，充分攪拌均勻，倒入第**2**次的蛋液後，同樣用力攪拌均勻。剛開始攪拌時會覺得比較吃力，但很快就會因為食材乳化而變滑順。

> 即便食材沒有成團也沒有關係，在之後倒入小麥麵粉時再加以調整就好。

5

倒入第**3**次的蛋液，同樣混拌均勻。這時的乳化作用變得有些困難，也容易出現顆粒狀分離現象，但無須太擔心，持續攪拌至滑順。

> 照片為倒入所有蛋液並攪拌完成的狀態。雖然濃稠，但混雜一些顆粒。出現顆粒狀分離現象沒有關係，持續攪拌至整體呈滑順狀態。

6

倒入第**4**次的蛋液，同樣混拌均勻。

7

在分量內的低筋麵粉中先取4杯分量倒入步驟**6**的食材中。

> 照片為攪拌完成的狀態。拌入少量低筋麵粉後，由於油脂與粉末結合，分離的顆粒會逐漸變小。

8

使用打蛋器以由下往上的方式攪拌至均勻混合在一起。

> 完全混合均勻，呈現有光澤且質地像奶油的麵團。倒入剩餘低筋麵粉，這時候千萬不要用力攪拌，將材料拌合在一起就好。

9

同步驟**7～8**，倒入約4大匙分量的低筋麵粉混合在一起。照片為拌合完成的麵團。

10

先將剩餘的低筋麵粉和泡打粉稍微混拌在一起，過篩倒入步驟**9**的食材中。用橡膠刮刀以切拌方式混合在一起（盡可能不要用力攪拌）。

> 用刮板像築牆般將麵團集中在一起。混合麵粉後，要有意識地盡量減少攪拌次數。

11

整體混拌均勻後，將麵團移至烤盤紙中央。用刮板將四散的麵團刮向中間，然後用手掌從上面輕壓的同時將麵團集中在一起。

> 用手掌輕壓時，千萬不要過度施力，重點是讓麵團集中成形。

12

反覆操作步驟**11**，整形成厚度約2cm的橢圓形。

> 由於麵團容易鬆散，必須小心提起並堆疊。接著切割麵團後再堆疊在一起，過程中同時進行延展，這項作業要重覆5次。

13

縱向切割成一半，堆疊時將切割面朝向同一側（第1次切割）。

> 切割面變得比較厚，而對側面變得比較薄。過度用力會使麵團變硬，所以延展麵團時保持用手掌輕輕壓。

14

同步驟**11**，用刮板將四散的麵團和麵粉刮至中間，以手掌輕壓使表面成形。

DONUT SHOP
89

15

維持相同方向,將比較薄的那一端麵團縱向切下一半左右(第2次切割)。堆疊時切割面要朝向同一側。同步驟11,用刮板將麵團集中在一起的同時,用手掌輕壓,讓切面厚度大約2cm,邊延展邊讓表面成形。

> 切下比較薄的麵團並堆疊在一起,讓整體厚度盡量均勻些。

> 麵團大致成形,但還是容易出現鬆散現象。反覆用刮板將散開的麵團集中在一起,並且用手掌輕壓至成形。

16

將變成長條形的麵團橫向對半切開(第3次切割),堆疊時切割面朝向同一側。同步驟11,使麵團集中成形的同時,延展至厚度約3cm。

17

將麵團連同烤盤紙一起上下翻面,用刮板輕輕刮除有過多麵粉沾黏的部分,並且沾裹在底層那一面。同步驟11,延展成厚度2cm。

> 即使表面乾淨滑順,但內層依舊可能有低筋麵粉殘留,或者出現龜裂現象。如果不加以處理,油炸過程中不僅麵團容易變形,油炸用油也會變渾濁,所以延展時要不斷上下翻面,確認麵團兩面是否光滑無裂痕。

18

縱向對半切開(第4次切割),堆疊時切割面朝向同一側。同步驟11,延展至表面光滑且厚度約2~3cm。

> 進行第5次切割和堆疊時,盡量將明顯的粉末延展至消失。

19

同步驟17,繼續重覆操作3次。

20

以長邊朝上的方式擺放,然後縱向對半切開(第5次切割),堆疊時切割面朝向同一側。同步驟11,將麵團延展成長20cm×寬10cm×厚2cm左右的長方形。

> 這個尺寸的麵團能夠壓模出6個甜甜圈。橫向鋪一張保鮮膜,縱向再鋪一張保鮮膜,將麵團緊密包覆以避免接觸空氣。包覆麵團時小心不要產生皺褶,摺痕部位要輕輕壓平。

21

將麵團移至保鮮膜上並包覆起來。

NAGMO DONUTS

22

麵團務必冷凍保存。由於麵團的油脂含量多，只冷藏保存的話，麵團容易變形，無法完美壓模。

將保鮮膜的接縫處那一面朝下，用手掌輕壓保鮮膜以排出保鮮膜與麵團之前的空氣，將表面輕壓至平整光滑（厚度約比1.5cm多一些）後，放入冷凍庫裡保存一晚以上。

DAY 2　解凍・整形

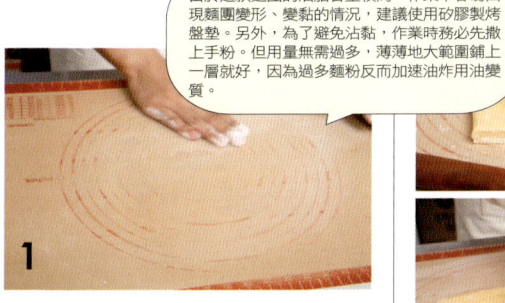

1

由於這款麵團的油脂含量較高，作業中容易出現麵團變形、麵黏的情況，建議使用矽膠製烤盤墊。另外，為了避免沾黏，作業時務必先撒上手粉。但用量無需過多，薄薄地大範圍鋪上一層就好，因為過多麵粉反而加速油炸用油變質。

將麵團移至冷藏室3～4小時解凍。在矽膠烤盤墊上薄薄撒一層低筋麵粉（分量外）。

2

將麵團解凍至容易壓模的程度即可，過度解凍反而容易造成麵團變形。天氣炎熱時，解凍時間要縮短，盡可能加快作業速度。另外，麵團狀態容易隨時產生變化，建議先取一半分量壓模。

將解凍後的麵團橫向置於步驟1的矽膠烤盤墊上。用刮板縱向對半切開，將其中一片麵團用保鮮膜包覆放入冷藏室中保存。

3

若直接用擀麵棍延展麵團，麵團表面容易變粗糙，請先在麵團上鋪一張保鮮膜。

在麵團上鋪一張保鮮膜，用擀麵棍輕輕延展麵團。將麵團翻面後，以同樣方式輕輕延展。反覆操作1～2次，將麵團擀至大約1.5cm的厚度。

4

小心不要讓玻璃杯移位。

在玻璃杯（口徑9cm）的杯緣抹上低筋麵粉（分量外）。然後將玻璃杯對準麵團，用雙手的力道垂直向下壓並稍微轉圈。以同樣方式壓模3個。

5

將剩餘的麵團重新揉捏成形後再繼續壓模。

將壓模後剩餘的麵團集中在一起，先清除表面碎屑和顆粒，以手掌輕壓至光滑並調整好形狀。接著用保鮮膜包起來，放入冷藏室裡備用。

6

使用圓形梅花形狀的壓模，但上下顛倒使用。將壓模後剩餘的麵團揉成球狀，油炸後作為「mini donuts」販售。

以直徑6.8cm的甜甜圈模具壓模，先在表面壓出淺淺的外圈，然後使用直徑2.5cm的圓形模具在中間挖洞。

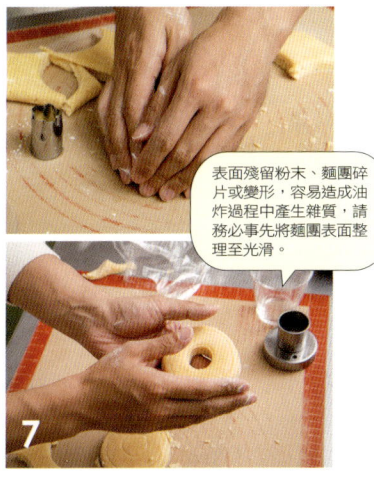

7

表面殘留粉末、麵團碎片或變形，容易造成油炸過程中產生雜質，請務必事先將麵團表面整理至光滑。

為避免麵團變形，將麵團一個一個小心地自烤盤墊取下。用雙手轉動麵團並清除殘留於表面的粉末和麵團碎顆粒，輕輕摩擦整個麵團呈光滑狀並調整好形狀。

8

將整形結束後的麵團排列在鋪有烘焙紙的托盤上，不覆蓋保鮮膜並直接放入冷藏室裡保存，在油炸之前先讓麵團表面變乾燥。剩餘的麵團以同樣步驟操作，壓模後靜置乾燥。

DONUT SHOP

> 揉捏整形時務必不要過度用力。

自冷藏室取出步驟 **5** 壓模後剩餘的麵團並堆疊在一起，使用刮板邊轉動麵團方向邊輕壓麵團側邊，將麵團調整為四方形。

> 表面殘留粉末、麵團碎片或變形，容易造成油炸過程中產生雜質，請務必事先將麵團表面整理至光滑。

10

在麵團上覆蓋保鮮膜，用擀麵棍延展成厚度約1.5cm。撕開保鮮膜，同步驟 **4**～**8** 壓模，並且將表面調整至光滑。

油炸

> 油溫達180度C的話，麵團會開始焦化，所以溫度一旦上升，就必須立即轉為小火。一次放入4～5個麵團至油鍋中，麵團入鍋後先沉入鍋底，但隨後立即浮上來。為了避免麵團彼此沾黏，用夾子調整麵團位置，除了不得不調整位置以外，盡量不要觸碰麵團，直到麵團定型。經常觸碰麵團恐導致麵團鬆散變形。

1

在鐵鍋裡倒入一半分量的菜籽油，加熱至170度C。以甜甜圈模具壓線的那一面朝下放入鍋裡。

> 鍋子中心處的溫度最高，當麵團開始上色，要經常用夾子夾起來確認上色情況。將顏色最深的麵團遠離鍋子中心部位。

2

麵團定型且上色後，以夾子緩緩轉動並調整位置，讓麵團受熱更均勻。

> 使用第一次油炸且最清澈的油品時，上色速度通常慢一些，大概油炸5分鐘後翻面。

3

開始油炸的5分鐘後，壓線部位裂開，整體呈現漂亮的褐色，這時候可以上下翻面。

> 剛起鍋的甜甜圈容易裂開，拿取時務必輕柔小心。

4

同步驟 **2** 再油炸4分鐘。整體呈漂亮的褐色後，用夾子輕輕夾起來，緩慢地上下輕輕搖晃讓多餘的油脂滴落。

> 剛起鍋的甜甜圈容易碎裂，而且放在網架上瀝油的話，表面容易留下網架痕跡。

5

將起鍋的甜甜圈放在鋪有廚房紙巾的托盤上，透過紙巾吸附油脂。靜置於室溫下至冷卻。表面浮出油脂時，請用廚房紙巾輕輕吸附。

6

將挖洞剩餘的麵團揉成圓形，一起放入鍋裡油炸（170度C，2～3分鐘）。

靜置

甜甜圈冷卻後再進行配料裝飾（奶油類的配料則於靜置一晚後再行裝飾）。放入保存容器中並靜置於冷藏室裡一晚。

DAY 3　販售

巧克力和焦糖配料的甜甜圈置於保冷箱中，其餘品項則於恢復常溫後販售。

Salted Caramel Nuts

NAGMO DONUTS

NAGANO
UEDA

鹽味焦糖甜甜圈

INGREDIENTS（30個分量）
歐菲香甜甜圈‧直徑9cm
　（P.88～92）⋯適量
焦糖奶油
　晶粒白砂糖⋯200g
　水⋯40g
　鮮奶油（乳脂肪35％）⋯200g
　鹽（蓋朗德鹽之花）⋯3g
焦糖堅果
　綜合堅果*1⋯400g
　晶粒白砂糖⋯160g
　水⋯40g
　奶油⋯15g
　鹽（同上）⋯7g

*1　核桃、杏仁、腰果等綜合堅果。

焦糖奶油
1. 將晶粒白砂糖和水倒入鍋裡加熱，熬煮至呈現焦糖色。
2. 將鮮奶油和鹽混合在一起，放入微波爐中加熱1分鐘左右。
3. 將步驟1食材自火爐上移開，趁熱將步驟2食材分成3次倒進去混合在一起。

焦糖堅果
1. 將綜合堅果裝入質地較厚的塑膠袋（使用夾鏈袋）中，以擀麵棍敲至粗碎。
2. 鍋裡倒入晶粒白砂糖和水加熱。出現細緻泡沫且上色後，加入步驟1的食材。
3. 搖晃鍋身並熬煮至呈現焦糖色。關火後加入奶油和鹽並攪拌均勻。
4. 將步驟3食材平鋪在托盤裡，置於常溫下冷卻。冷卻且結成塊後，用手撥碎。

收尾
1. 取2～3匙的焦糖奶油淋在歐菲香甜甜圈裂開的縫隙上。
2. 撒上焦糖堅果。

焦糖適度降低甜味，同時也有助於襯托鹽味和淡淡的苦味，一款充滿濃濃大人味的甜甜圈。搭配酥脆口感的焦糖堅果，風味更絕妙。堅果包含核桃、杏仁和腰果，味道與口感都非常豐富。

NAGMO DONUTS

Tiramisu Cream

NAGANO UEDA

甜甜圈充分吸收濃縮咖啡液,然後搭配添加馬斯卡彭起司和奶油起司的清爽發泡鮮奶油,最後撒上大量可可粉。這是咖啡廳設攤位時所提供的限定品項。

提拉米蘇奶油甜甜圈

INGREDIENTS（10個分量）

歐菲香甜甜圈・直徑8cm（P.88～92）*1 … 10個

提拉米蘇用奶油

A
| 奶油起司（「LUXE」北海道乳業）… 40g
| 馬斯卡彭起司（生乳100%）… 40g
| 晶粒白砂糖 … 20g

B
| 鮮奶油（乳脂肪35%）… 100g
| 晶粒白砂糖 … 20g

收尾

濃縮咖啡液*2 … 適量
可可粉（可可100%・無糖）… 適量

*1 由於甜甜圈上的裝飾與配料相對較多，所以使用小一點，直徑8cm的模具壓模。
*2 在咖啡廳設攤位時，使用咖啡廳的咖啡機沖煮濃縮咖啡液。也可以使用無糖咖啡歐蕾濃縮液取代。

提拉米蘇專用奶油

1. 將A食材倒入鋼盆中，以橡膠刮刀攪拌至滑順（**a**）。
2. 取另外一只鋼盆並倒入B食材，將鋼盆放在冰水裡，並以手持攪拌機攪拌打發7分鐘（**b**）。
3. 將2少量逐次倒入1裡面（**c**），以手持攪拌機攪拌。

   → 為了讓步驟1和2的食材能夠順利攪拌，將2少量逐次倒入1裡面，調整至接近的濃稠度後再整體混合均勻。

4. 再次以手持攪拌機攪拌步驟2食材，打發8分鐘。

   → 打發至質地略微偏硬，接近步驟3食材的質地。

5. 將步驟3食材倒入步驟4的鋼盆中（**c**），將鋼盆放在冰水裡，以手持攪拌機打發至能夠拉起尖角（**d**）。

   → 填入擠花袋中，只要能夠順利擠出形狀就完成了。如果沒有要立即使用，先暫時保存在冷藏室，擠花前再重新攪拌一下。

收尾

1. 在歐菲香甜甜圈的裂痕上澆淋3～4小匙的濃縮咖啡液（**e**）。
2. 將提拉米蘇專用奶油填入裝有星形花嘴（10齒・5號）的擠花袋中，沿著甜甜圈表面擠一圈（**f**），然後在上面繼續再擠一圈。
3. 用濾茶網過篩撒上大量可可粉（**g**）。

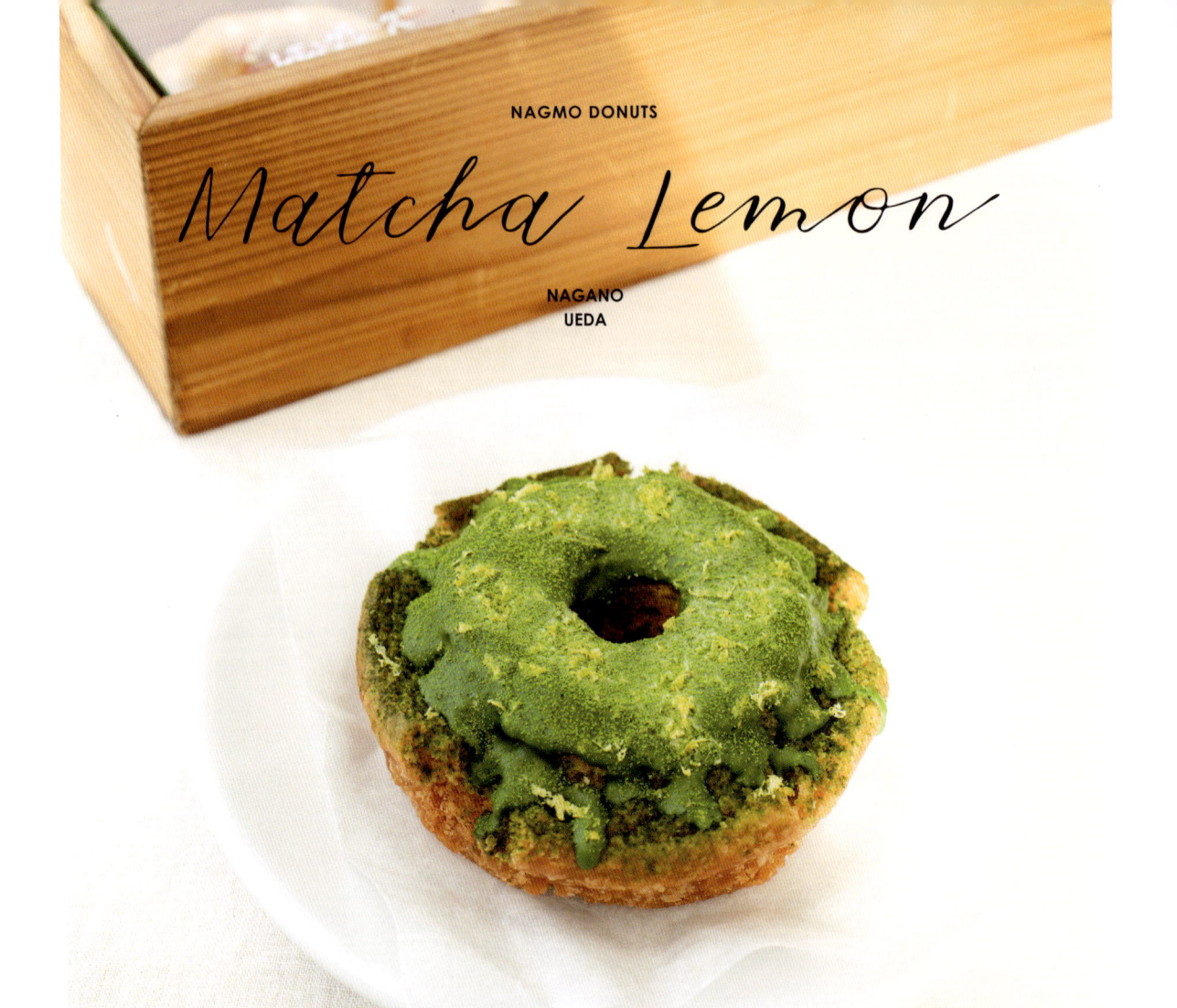

NAGMO DONUTS

Matcha Lemon

NAGANO
UEDA

麵團上澆淋檸檬汁，再搭配大量抹茶風味的白巧克力。最後以清香的檸檬皮作為點綴。抹茶、清甜的白巧克力、柑橘的酸味與香氣共譜一場優美的協奏曲。

抹茶檸檬風味甜甜圈

INGREDIENTS（15個分量）

歐菲香甜甜圈・直徑9cm
　　（P.88～92）… 15個
抹茶白巧克力
　　白巧克力 … 210g
　　太白胡麻油 … 7g
　　抹茶粉（製菓用）… 11g
收尾
　　檸檬汁 … 適量
　　刨絲檸檬皮 … 適量

抹茶巧克力

1. 以隔水加熱方式融化白巧克力，然後添加太白胡麻油，以橡膠刮刀混合在一起。
2. 將抹茶粉過篩至步驟1食材中。同樣以橡膠刮刀混拌均勻。

收尾

1. 以刷毛沾取檸檬汁刷在歐菲香甜甜圈的裂痕上。接著澆淋3～4小匙分量的抹茶白巧克力。靜置室溫下使表面乾燥。
2. 步驟1的甜甜圈表面乾燥後，撒上刨絲檸檬皮就完成了。

NAGMO DONUTS

White Chocolate Earl Grey

NAGANO UEDA

將葛雷伯爵茶茶葉拌入白巧克力中,收尾時也撒些茶葉,增添撲鼻的華麗香氣。搭配酸甜且顏色鮮豔的蔓越莓,讓風味與口感更添些許驚艷。

白巧克力葛雷伯爵茶風味甜甜圈

INGREDIENTS(15個分量)
歐菲香甜甜圈・直徑9cm
　(P.88〜92)… 15個
葛雷伯爵茶白巧克力
　白巧克力 … 210g
　太白胡麻油 … 7g
　葛雷伯爵茶茶葉 … 3〜4g
收尾
　蔓越莓乾(切細碎)… 適量

葛雷伯爵茶白巧克力

1　以隔水加熱方式融化白巧克力,添加太白胡麻油,以橡膠刮刀混合在一起。

2　用研磨攪拌機將葛雷伯爵茶茶葉磨成粉,並且過篩備用。取過篩後留下的大顆粒葛雷伯爵茶茶葉粉3〜4g倒入步驟1食材中攪拌均勻。過篩後的細粉末則留為最後裝飾用。

收尾

1　在歐菲香甜甜圈的裂痕淋上3〜4小匙的葛雷伯爵茶白巧克力。

2　趁1尚未完全乾燥之前撒些過篩後的葛雷伯爵茶茶葉粉。最後再擺上蔓越莓乾碎片。

NAGMO DONUTS 的店鋪經營

一個一個精心製作
充滿細膩口感的歐菲香甜甜圈

NAGMO DONUTS是一間歐菲香甜甜圈的專賣店，以長野縣上田市為據點，主要透過市集擺攤的方式經營。自2021年10月開幕以來，以長野縣為中心，在縣內舉辦的手作市集、雜貨店、電影院、咖啡館等地擺攤販售手工製作的甜甜圈，每次提供6～7種不同口味的甜甜圈。外皮酥脆，內餡鬆軟的獨特口感廣受好評，經常一開賣就搶購一空。

老闆南雲紀幸先生的目標是「製作帶回家享用，甚至放至隔天也依舊保有出爐口感的甜甜圈」，因此他將重點鎖定在歐菲香甜甜圈，致力於研究完美的麵團。基於一個人獨立製造並販售的前提，最終確立了商品品項和店鋪經營模式，以及將麵團冷凍保存、完成整形・油炸・配料裝飾等作業後，靜置一晚於隔天再販售的製作過程。透過這樣的製程提高原味麵團的完程度，然後再搭配各式各樣的配料裝飾來增加品項的多樣化。沒有實體店面，而是以租借廚房的方式製作甜甜圈，透過這種的模式開啟經營之路。

創業初期，推出「楓糖」、「肉桂」、「焦糖堅果」等6種口味的甜甜圈。換季時則推出添加新配料的季節性甜甜圈，目前全品項已經來到20種左右。通常販售品項取決於季節和當天氣溫，像是夏季多半推出口味清爽又單純的甜甜圈、秋冬則新增抹茶或莓果等顏色鮮豔且沾裹巧克力的口味。販售數量依活動規模大小而有所不同，但基本上1天銷售數量為150～200個，最高紀錄曾多達430個。基本工作原則為一個人能夠獨立且輕鬆完成所有大小事。

目前重心擺在週末舉辦的市集活動，1個月大約7～8次，另外也承接一些老客戶咖啡廳的委託訂單。最近也曾經到東京或長崎等外縣市擺攤，目前擺攤活動已經排定至2～3個月後。計畫於2024年夏季開設實體店鋪，目前也致力於構思針對網路販售的相關訂購系統與配送方式，期望在近期的未來能夠將NAGMO DONUTS甜甜圈推廣至全國。

SHOP INFORMATION

長野県上田市常磐城3-7-37
tel. 無提供
instagram@nagmo_donuts
＊營業時間、公休日請洽詢Instagram

老闆　南雲紀幸　先生
1995年出生於長野縣。曾任職於服飾業3個月左右，後來回到老家上田市，在當地工廠就職。平時的興趣是製作甜點，而且手藝相當不錯，基於當時上田市並沒有甜甜圈專賣店，於是透過自學開始研究甜甜圈配方，並且立志在當地開設一間能夠獨立經營的甜甜圈專賣店。最終在2021年9月，創立了歐菲香甜甜圈專賣店「NAGMO DONUTS」，並且以週末參加市集活動和不定期接受委託的販售形式開啟經營之路。

CHAPTER 1

98

透過使用自然素材製作的器具，
營造充滿溫暖氛圍的賣場

在市集活動上擺攤時，自行攜帶向當地工藝家訂製的木製招牌、陳列用展示櫃、兩張用於賣場和擺放相關物品的桌子、長椅和帳棚等設備到會場。在桌上鋪設由植物染藝術家手工製作的亞麻桌布，並且擺上插有當季鮮花的小花瓶作為裝飾。以極簡風的布置歡迎客人。品牌LOGO是南雲先生請插畫家特別設計，畫的是南雲先生搬著甜甜圈的模樣。採訪當天是南雲先生的朋友所經營的進口雜貨店「LAVALI」（長野縣東御市）喬遷開幕之日，南雲先生特地前往設攤慶開幕。南雲先生是四人兄弟姊妹的老么，而當天姐姐西澤繪梨也前往協助。以NAGMO DONUTS為橋樑，家人之間有了更多交流，大家也都給予許多支持與鼓勵。

酥脆又鬆軟的甜甜圈，
最佳賞味期為販售日起的2天內

南雲先生表示「不少人都曾有購買甜甜圈的當下非常興奮，但享用時卻發現外皮乾燥或黏膩軟爛這種令人感到沮喪的經驗。於是，我立志於製作咬下的那一刻，心情會如同購買時一樣興奮，口感依舊酥脆的甜甜圈。」所以幾經嘗試後，才有了現在這款歐菲香甜甜圈。基於傳統的歐菲香甜甜圈食譜，不斷進行研究，最後選擇能夠長時間保持酥脆口感的有機炸油作為油炸用油。不要過度揉捏麵團，並且於成團後冷凍一晚以上，於擺攤前一天再進行整形、油炸和配料裝飾等作業，然後靜置一晚。如此一來，獨特的既酥脆又鬆軟的口感便能一直維持到隔天。

前一天完成所有製程，
實現一人獨立經營的模式

南雲先生原本就熱愛製作甜點，所以完全靠自學掌握製作甜甜圈的技巧。不曾使用業務用設備，先靠自己熟悉的方式純手工製作。製作可壓模成9個甜甜圈的麵團時，一片需要花費40～50分鐘，依所需甜甜圈數量準備麵團，並且冷凍一晚以上。雖然前置作業很花時間，但有助於規劃配合出攤日期的製作行程。於出攤前一天進行整形、油炸和配料裝飾等作業，然後再靜置一晚，如此一來，活動當天就能將精力全擺在銷售上，也多虧這樣的形式，才能做到獨自一人製作與販售的店鋪經營。

採訪當天的產品陣容（共7種）

歐菲香甜甜圈
- 鹽味焦糖堅果風味甜甜圈 380日圓
- 白巧克力椰子風味甜甜圈 380日圓
- 檸檬糖釉風味甜甜圈 330日圓
- 楓糖糖釉風味甜甜圈 330日圓
- 肉桂風味甜甜圈 300日圓
- 黑芝麻黃豆粉風味甜甜圈 300日圓
- 甜甜圈球 270日圓

HOCUSPOCUS 的多樣化甜甜圈

HOCUS POCUS

DONUT SHOP

TOKYO NAGATACHO

美麗設計與細膩風味。
透過蒸氣與焙烤2種工法追求甜甜圈的無限可能

CHAPTER 1

100

以蒸煮和烘烤工法
製作純粹的蛋糕甜甜圈麵團

HOCUSPOCUS店裡經常備有15～20種甜甜圈，其中8成為招牌品項，2成為隨著季節更迭的季節性商品，品項的豐富性竟然多達100種以上。所有甜甜圈的基底麵團幾乎都相同，主要材料為小麥麵粉、泡打粉、砂糖、杏仁粉、雞蛋、奶油。透過調整杏仁粉、雞蛋和奶油的比例來打造各種風味。為了方便延伸出多種口味，使用能夠直接品嚐麵粉美味且最基本的蛋糕甜甜圈麵團，另外再根據各種所需風味，添加香料、啤酒、利口酒、堅果等各式各樣的素材，製作成蒸甜甜圈或烤甜甜圈。

「為誰製作的甜甜圈？」

思索新的甜甜圈時，最重視的是打造具有層次感的味道與口感，另外也十分注重設計感。研發甜甜圈時必定想著顧客購買甜甜圈也許是想要送給身邊最重要的人，所以這時候的指標就是「為誰製作的甜甜圈？」舉例來說，研發「印度奶茶風味甜甜圈」（P.108）的食譜時，我們所構思的人設就是「20多歲的女性，留著一頭長髮、喜歡穿著洋裝、臉上總是掛著笑容、興趣是探索新的咖啡廳，喜歡和好友共享3種甜品」。具體設定年紀、性別、穿著、興趣、行為特徵、個性、重視的事物、口頭禪等細節，然後根據這些細節去思考甜甜圈的口感、外觀設計，然後反覆進行味道的調整與外觀改良，做出最能符合這些細節的甜甜圈。

所有員工參與製作甜甜圈

該店沒有所謂的甜點主廚這個職位，任何一名員工都能提出新商品的提案。試做時所需的原料採購，也都由提案者自行判斷並決定。試做時機則視店家當下的情況各自決定，試做成品由所有員工一起試吃並交換意見，幾經改良後，最終由老闆藤原彌生先生決定是否正式推出。由於不是上級決策，下屬照辦的模式，所以基於每個員工的獨特性格，更能激發出嶄新的創意火花。正因為HOCUSPOCUS重視這樣的過程，才能推出品項如此多樣化的甜甜圈。

HOCUSPOCUS

Crepe Chunk

TOKYO
NAGATACHO

這款麵團的風味如沐浴春風般溫柔，能夠充分感受到麵粉與雞蛋的美味。表面撒滿酥脆可口的可麗餅薄脆片。單純卻又百吃不厭，是店裡的經典招牌。能夠品嚐到剛出爐的現烤美味。

HOCUSPOCUS 的
可麗餅脆片甜甜圈

DAY 1

攪拌
桌上型攪拌機（攪拌槳）
低速運轉約5分鐘 → 放入油脂 →
低速運轉約2分鐘

醒麵
室溫（20度C）・30分鐘

焙烤
64g → 165度C・18分鐘 → 冷卻

INGREDIENTS（約10個分量）

原味甜甜圈

A *1
- 高筋麵粉 … 87.5g
- 低筋麵粉 … 37.5g
- 泡打粉 *2 … 5g
- 晶粒白砂糖 … 120g

杏仁粉 … 50g
全蛋 … 160g
奶油 … 150g
法式薄餅脆片 *3 … 50g

*1　混合在一起過篩備用。
*2　使用不含鋁的泡打粉。
*3　將烤好的薄片可麗餅於乾燥後敲碎。使用市售品。

DAY 1　攪拌

1
將 A 材料倒入裝有攪拌槳的桌上型攪拌機中，加入杏仁粉和全蛋。以低速運轉攪拌5分鐘左右。

2
在攪拌期間，將奶油放入800W微波爐中加熱融化1分30秒（和麵團混合一起時，最好是45～50度C）。

3
自攪拌機中移開攪拌盆，用橡膠刮刀以由下往上撈的方式確認是否攪拌均勻。

4
如果留有殘塊，將攪拌盆裝回攪拌機中，以低速運轉繼續攪拌，並且緩緩注入加熱融化後的奶油。全部注入後，繼續攪拌2分鐘左右。

醒麵

1
攪拌至呈現光澤後就完成了。在攪拌盆上覆蓋保鮮膜，靜置於室溫（20度C）下醒麵30分鐘。

焙烤

1
在模具裡噴脫模油（分量外），每一格放入約5g的法式薄餅脆片。

2

搖晃模具讓法式薄餅脆片鋪滿整格模具。

3

使用橡膠刮刀輕輕拌勻先前靜置醒麵的麵團，然後填入擠花袋中。

4

在步驟 **2** 的模具中，每一格擠入64g的步驟 **3** 食材，並且以抹刀將表面抹平。

5

放入預熱至165度C的蒸氣烘烤爐（熱風模式）中，蒸烤18分鐘。

6

自蒸氣烘烤爐中取出，將模具倒扣在有洞孔的烤盤上脫模。

保存・販售

1

將烤盤插入出爐架中冷卻。其他品項的甜甜圈麵團都以冷凍方式保存，唯獨Crepe Chunks，為了讓顧客品嚐麵團本身的美味，採用每天蒸烤販售的方式。

CHAPTER
1

104

HOCUSPOCUS

Polenta
TOKYO
NAGATACHO

這款無麩質烘焙甜甜圈的口感濕潤，而且極具滿足感。主要使用玉米粉和米粉製作而成。為了製作能夠直接感受到雞蛋美味的好吃麵團，配方十分單純。玉米粉帶來的酥脆，也為整體添加豐富口感。

波倫塔甜甜圈

INGREDIENTS（約9個分量）

奶油 *1 … 200g
蔗砂糖 … 180g
全蛋 … 140g
玉米粉 … 88g
A *2
　米粉 … 80g
　杏仁粉 … 220g
　泡打粉 *3 … 4g
　鹽 … 1小撮

*1　置於室溫下融化備用。
*2　混合在一起過篩備用。
*3　使用不含鋁的泡打粉。

1. 將奶油和蔗砂糖倒入桌上型攪拌機的攪拌盆中，裝上攪拌槳，以低速運轉（10段的第1段）攪拌1分30秒左右。然後轉為中速運轉，攪拌1分鐘左右至泛白。

2. 加入全蛋，低速運轉（同上）攪拌30秒左右。

3. 倒入玉米粉和 A 食材，為避免產生空氣，以低速運轉（10段的第2段）攪拌1分鐘左右。

4. 將麵團填入擠花袋中。在模具上噴些脫模油（分量外），在每格模具中擠入80g麵團。以抹刀將表面抹平。

5. 放入預熱至165度C的蒸氣烘烤爐（綜合模式）中，烘烤17分鐘。

6. 出爐後連同模具一起靜置冷卻，稍微放涼後才脫模（剛出爐時麵團還很軟，這時候脫模容易變形）。冷卻之後可冷凍保存。冷凍保存的甜甜圈先置於常溫下解凍，然後再放入165度C的蒸氣烘烤爐（綜合模式）中回烤2分鐘。

DONUT SHOP

HOCUSPOCUS

Lychee Grapefruit

TOKYO
NAGATACHO

這是一款春夏限定商品,靈感來自於Dita荔枝葡萄柚雞尾酒。麵團和糖霜裡都添加葡萄柚,最後再以河內晚柑皮作為點綴。充滿熱帶風情又清新爽口,在麵團容易產生粉末厚重感的夏季裡,這無疑是一款讓人一口接一口的好滋味。

荔枝葡萄柚甜甜圈

INGREDIENTS（約10個分量）

麵團
原味甜甜圈麵團
A
　高筋麵粉 … 87.5g
　低筋麵粉 … 37.5g
　泡打粉*1 … 5g
　晶粒白砂糖 … 120g
杏仁粉 … 25g
奶油 … 125g
全蛋 … 150g
Dita荔枝香甜酒 … 20g
葡萄柚皮絲（UMEHARA）… 125g

糖霜
Dita … 40g
淨水 … 20g
葡萄柚皮（同左）… 40g
糖粉 … 200g

收尾
河內晚柑皮絲（進藤重晴商店）
　… 約30g
乾燥薄荷 … 適量

*1　使用不含鋁的泡打粉。

麵團

1　同「Crepe Chunks」（P.102～104）製作原味甜甜圈麵團，然後靜置醒麵。

2　放入裝有攪拌槳的桌上型攪拌機的攪拌盆中，低速運轉攪拌的同時慢慢滴入Dita荔枝香甜酒。攪拌1分鐘左右至Dita荔枝香甜酒與麵團充分混合在一起。

3　加入葡萄柚皮絲，以低速運轉持續攪拌30秒左右至整體混合均勻。

4　將麵團填入擠花袋中。模具上噴些脫模油（分量外），在每格模具中擠入68g麵團。以抹刀將表面抹平。

5　放入預熱至110度C的蒸氣烘烤爐（蒸氣模式）中蒸17分鐘。蒸好後將模具倒扣在有洞孔的烤盤上脫模，放入出爐架上冷卻。完全冷卻後可以冷凍保存。將冷凍保存的甜甜圈置於常溫下解凍，然後進行裝飾收尾作業。

糖霜

1　在鍋裡倒入Dita荔枝香甜酒和淨水，加熱讓酒精揮發。

2　將步驟1的食材、葡萄柚皮絲、糖粉倒入食物調理機中攪拌至皮絲變細碎。

收尾

1　手持甜甜圈，將有模具壓痕的那一面浸入糖霜中，滴乾後移至網架上。在每個甜甜圈表面的半邊放上3g左右的河內晚柑皮絲，最後再撒一小撮乾燥薄荷作為點綴。

HOCUSPOCUS

Chai

TOKYO
NAGATACHO

洋溢高級香料和紅茶香氣的蒸甜甜圈。在濕潤麵團裡添加充滿甘甜香氣的白荳蔻和肉桂，以及口感佳的芳香黑芝麻，讓整體風味更具層次感。點綴些許椰子脆片，不僅增添美感，清脆口感也令人留下深刻印象。

CHAPTER
1

108

印度奶茶風味甜甜圈

INGREDIENTS（約10個分量）
麵團
原味甜甜圈
　A *1
　　｜高筋麵粉 … 87.5g
　　｜低筋麵粉 … 37.5g
　　｜泡打粉 *2 … 5g
　　｜晶粒白砂糖 … 120g
　杏仁粉 … 50g
　全蛋 … 150g
　奶油 … 150g
　印度奶茶粉 *3 … 6g
　黑芝麻 *4 … 10g
印度奶茶巧克力
　白巧克力 … 100g
　印度奶茶粉 *3 … 2g
收尾
　有機椰子脆片（ALISHAN）*5 … 適量

*1　混合在一起過篩備用。
*2　使用不含鋁的泡打粉。
*3　將阿薩姆紅茶茶葉58g、整粒白豆蔻20g、肉桂棒14g、整粒丁香3g、薑粉3g、整粒黑胡椒3g混合在一起，以研磨攪拌機磨碎。
*4　使用前放入烤箱中稍微烘烤一下，增加香氣。
*5　放入預熱至160度C烤箱中烘烤2～3分鐘。

麵團

1　同「Crepe Chunks」（P.102～104）製作原味甜甜圈麵團，然後靜置醒麵。

2　放入裝有攪拌槳的桌上型攪拌機的攪拌盆中，加入印度奶茶粉和黑芝麻，以低速運轉攪拌30秒左右至均勻。移開攪拌盆，用橡膠刮刀由下往上撈起確認是否還有殘塊。留有殘塊的情況，用橡膠刮刀或攪拌機繼續攪拌至均勻。

3　將麵團填入擠花袋中。模具上噴些脫模油（分量外），在每格模具中擠入62g麵團。以抹刀將表面抹平。

4　放入預熱至110度C的蒸氣烘烤爐（蒸氣模式）中，蒸15分鐘。蒸好後將模具倒扣在有洞孔的烤盤上脫模，放入出爐架上冷卻。完全冷卻後可以冷凍保存。將冷凍保存的甜甜圈置於常溫下解凍，然後進行裝飾收尾作業。

印度奶茶巧克力

1　將白巧克力放入200W微波爐中加熱1分鐘，以橡膠刮刀攪拌至融化。溫度達40～45度C時，加入印度奶茶粉，用手持攪拌機或橡膠刮刀攪拌均勻。

收尾

1　手持甜甜圈，將有模具痕跡的那一面浸入印度奶茶巧克力中，滴乾後移至網架上。趁巧克力尚未完全變硬前，在甜甜圈表面的半邊放上椰子脆片。

HOCUSPOCUS

Kinako Lavender

TOKYO
NAGATACHO

在麵團裡添加黃豆粉、薰衣草、松子，最後再以牛奶果凍醬和黃豆粉裝飾。充滿奢華香氣的薰衣草和芳香的黃豆粉出乎意料地合拍。Q彈的牛奶果凍讓甜甜圈表面更柔軟，而營養的松子則默默地讓整體風味變得濃郁且具有深度。

CHAPTER
1

110

黃豆粉薰衣草風味甜甜圈

INGREDIENTS

麵團
　原味甜甜圈麵團（約10個分量）
　A
　　高筋麵粉 … 87.5g
　　低筋麵粉 … 37.5g
　　泡打粉 *1 … 5g
　　晶粒白砂糖 … 120g
　杏仁粉 … 50g
　全蛋 … 150g
　奶油 … 150g
　黃豆粉 … 10g
　薰衣草（乾燥）*2 … 1g
　松子 *3 … 14g

收尾（約15個分量）
　B
　　牛奶 … 250g
　　淨水 … 150g
　　蔗砂糖 … 100g
　瓊脂粉（Agar）… 40g
　黃豆粉 … 適量

*1　使用不含鋁的泡打粉。
*2　使用研磨攪拌機研磨成粉。
*3　放入預熱至160度C的烤箱中烘烤3〜5分鐘。

麵團

1. 同「Crepe Chunks」（P.102〜104）製作原味甜甜圈麵團，然後靜置醒麵。
2. 放入裝有攪拌槳的桌上型攪拌機的攪拌盆中，接著依序倒入黃豆粉、薰衣草、松子，以低速運轉攪拌30秒左右至均勻。移開攪拌盆，用橡膠刮刀由下往上撈起來確認是否還有殘塊。
3. 將麵團填入擠花袋中。模具上噴些脫模油（分量外），在每格模具中擠入62g麵團。以抹刀將表面抹平。
4. 放入預熱至110度C的蒸氣烘烤爐（蒸氣模式）中蒸15分鐘。蒸好後將模具倒扣在有洞孔的烤盤上脫模，放入出爐架上冷卻，完全冷卻後可以冷凍保存。將冷凍保存的甜甜圈置於常溫下解凍，然後進行裝飾收尾作業。

收尾

1. 製作牛奶果凍醬。將 B 食材放入鍋裡，以中火加熱，鍋裡出現小氣泡後關火，倒入瓊脂粉並用打蛋器攪拌均勻。
2. 自火爐上移開鍋子，過篩至另一個鋼盆中（a）。以橡膠刮刀攪拌至滑順狀態（b）。
3. 趁步驟 2 食材尚未完全冷卻，手持甜甜圈，將有模具壓痕的那一面浸在裡面（c），滴乾後移至網架上（d）。所有甜甜圈都完成浸泡後，再從最先浸泡的那一個依序全部重新浸泡一次，接著再重覆一次以增加厚度（e）。
4. 以濾茶網過篩黃豆粉撒在步驟 3 的甜甜圈上面（f），靜置於常溫下讓牛奶果凍醬凝固。

使用「京碾きな粉 紫（都製粉所）」的黃豆粉。這款黃豆粉比一般黃豆粉更具有深度烘焙的芳香氣味。

HOCUSPOCUS 的店鋪經營

將送禮者的心意轉化為具體創意。
講究設計感、風味與充滿氛圍的空間

SHOP INFORMATION

東京都千代田区平河町2-5-3
tel. 03-6261-6816
平日營業時間 11:00〜18:00
週末國定假日 12:00〜18:00
終年無休
instagram@hocuspocus_donuts
hocuspocus.jp

店長　藤原彌生 女士
1976年出生於大阪府，在廣島縣長大。服飾專門學校畢業後，曾任職於服飾業長達12年，以經理身分管理10家店鋪。離職後在「Rose Bakery」（東京·丸之內）學習製作常溫甜點、在「Coutume Café」（已停業）學習沖煮咖啡。2017年「HOCUSPOCUS」開幕半年後，以店長身分共同參與經營。雖然店鋪位在幾乎沒有餐飲業或零售店的商業區，但在藤原彌生女士的努力下，漸漸吸引各地人潮前來朝聖。

從東京地下鐵永田町車站步行只要2分鐘。大馬路對面是充滿政治氣息的城鎮，但HOCUSPOCUS則位在通往昔日高級住宅的舊商辦區，而且座落在一棟別具風情的復古建築物一樓。挑高天花板讓陽光灑落在整個室內空間，簡潔又充滿現代感的灰色櫃臺上，擺放15〜20種外觀設計優美的甜甜圈。內用區的牆面設有從地板延伸至天花板的棚架，上面擺有各式各樣觀葉植物。從一整面玻璃窗向內看，宛如眺望綠意盎然的英式花園造景。平日在附近工作的人，經常會利用午休時間前來享用一杯咖啡。

這家店開幕於2017年4月，約有20多位成員共同參與創業，包含專門處理特色物件的不動產仲介、服飾與形象設計師、歐洲食材進口商、身兼烘焙咖啡師的咖啡店老闆等等。之所以選擇開創甜甜圈專賣店，是因為當時還沒有「以甜甜圈作為贈禮」的市場。甜甜圈不僅攜帶方便，享用時也不需要餐具，無論贈送者或收禮者都能毫無負擔地輕鬆享用，可謂老少咸宜。團隊成立甜甜圈專賣店就是看中這個魅力特質。而店名「HOCUSPOCUS」是魔法的意思，基於送禮時想將那份心意藉由魔法力量刻印在禮物上的想法而取了這個名稱。

除此之外，店鋪位在永田町，為了讓男性顧客也能輕鬆前往，刻意不將店內環境打造過於甜美，而這樣的策略成功奏效，不僅吸引許多上班族前來喝咖啡，回程時也會順道帶些甜甜圈回家給家人享用。隨著慢慢能夠滿足客人的各項需求後，有越來越多人向我們訂購大量甜甜圈作為伴手禮，也有不少大企業向我們訂購特製甜甜圈作為贈禮，事業版圖逐年擴大，過去冷清的週末假日，如今遠道而來的客人讓店裡總是座無虛席。

CHAPTER 1

HOCUSPOCUS

每位員工獨立思考並主動作為，
打造店家獨特個性

該店的最大特色是沒有固定操作指南，無論是接待客人或商品製作，這同時也是店長藤原女士的經營方針。除了沖煮咖啡必須由受過培訓的員工經手外，其他像是前置準備、接待客人、商品包裝、陳列出貨等，都沒有制式的明確規定，全部由所有員工視現場情況，自行判斷自己應該做什麼事。讓每位員工主動打造自己覺得舒適的工作環境，這也有助於營造一個讓顧客感覺舒服且沒有負擔的享用空間。

目標是成為甜甜圈界的「虎屋」。
打造一間絕不會辜負送禮者心意的甜甜圈專賣店

該店重視「送禮的喜悅」，無論味道或設計都強調專屬於店家的獨特性。主打烤甜甜圈和蒸甜甜圈，為了讓收到甜甜圈贈禮的人能夠享用剛出爐般的最佳口感。包裝方面也絲毫不馬虎，使用大理石花紋的特製紙張包裝禮盒並以紙製固定夾封口。精美包裝還曾經榮獲「亞洲包裝設計大賞（Topawards Asia）」的包裝設計獎項。

打烊前還能盡情挑選。
為了因應突如其來的大量訂單

HOCUSPOCUS每天準備15～20種品項的甜甜圈，以獨立經營的甜甜圈專賣店來說，這樣的品項種類相當豐富。多數人氣夯店在打烊前幾乎沒有什麼選擇性，但該店為了讓顧客在打烊前還能盡情挑選，接近打烊時至少都還有6種以上的品項。除此之外，針對50～100個突如其來的大量訂單，也都能輕鬆應對。之所以能夠做到這樣的應對能力，主要是因為將加熱後的未裝飾甜甜圈先急速冷凍保存，為了保持未裝飾甜甜圈的狀態，店裡還設有一台高性能的急速冷凍櫃，冷凍時也特別講究保存方式以避免氣味互相干擾。等到有需求時再根據所需數量將甜甜圈置於常溫下解凍，然後再進行裝飾，讓成品既保有剛出爐的口感，也同時能夠滿足顧客突如其來的大量需求。

採訪當天的產品陣容（共16種）

烤甜甜圈 6種
・可麗餅脆片甜甜圈 390日圓
・桑特醋栗果乾風味甜甜圈 500日圓
・波倫塔甜甜圈 450日圓
・萊姆可麗餅脆片甜甜圈 450日圓
・香蕉脆片甜甜圈 430日圓
・烘焙開心果風味甜甜圈 580日圓

蒸甜甜圈 10種
・薄荷風味甜甜圈 530日圓
・綠茶風味甜甜圈 550日圓
・印度奶茶風味甜甜圈 550日圓
・草莓風味甜甜圈 550日圓
・柑橘風味甜甜圈 500日圓
・杏桃風味甜甜圈 550日圓
・開心果風味甜甜圈 580日圓
・覆盆子風味甜甜圈 550日圓
・藍莓風味甜甜圈 580日圓
・葡萄柚風味甜甜圈 530日圓

DONUT SHOP
113

I'm donut ? 的麵團與甜甜圈種類

I'm donut?

DONUT SHOP

TOKYO
SHIBUYA

DONUT VARIATION
114

I'm donut？所有甜甜圈麵團

布里歐麵團・原味	布里歐麵團・巧克力	雞蛋布里歐麵團	法式麵包麵團

2022年3月，I'm donut？1號店開幕於中目黑町，打著「生甜甜圈」的名號，以濕潤又入口即化的獨特口感迅速引起熱烈討論，並且躋身為天天大排長龍，生意興隆的甜甜圈夯店。中目黑店平時只有8種品項的甜甜圈（其中1～2種為季節性商品），店家規模相對較小，而晚2個月開幕的澀谷新店，雖然空間僅3坪多，卻好比一間麵包店，甜甜圈種類多達50～60種。負責經營這間店的是福岡與表參道人氣烘焙店「AMAM DACOTAN」的老闆暨主廚平子良太先生。該店的甜甜圈種類相當多，口味與口感包羅萬象，而且分量十足。猶豫著不知道該挑選哪樣才好也成為一種樂趣。令人印象深刻的設計與美味、琳瑯滿目的種類，緊緊抓住不少忠實的回頭客，這也是天天大排長龍的主要原因。用於製作甜甜圈的麵團共有11種，正因為是誕生自烘焙店的甜甜圈專賣店，才有如此驚人的品項供顧客挑選。以下是針對這間持續進化中的甜甜圈專賣店所進行的專訪，並且為大家介紹採訪當天架上所陳列的所有甜甜圈品項。

甜麵包麵團・原味	甜麵包麵團・巧克力	甜麵包麵團・抹茶	斯佩耳特小麥麵團

法式鄉村麵包麵團・原味	法式鄉村麵包麵團・黑芝麻	法式鄉村麵包麵團・橄欖

DONUT SHOP

115

布里歐麵團 → 製作成9種甜甜圈！

原味　　巧克力

以店名作為品項名的這款「I'm donut?」甜甜圈所使用的麵團為布里歐麵團。這也是烘焙店「AMAM DACOTAN」製作羅馬生乳包所使用的麵團。一般布里歐麵團的特色是使用較高比例的砂糖和奶油，因此味道相對濃郁，而且因為添加蛋白，口感略偏乾燥。但AMAM DACOTAN的布里歐麵團裡除了添加烘烤南瓜，而且以超過100％烘焙比例的高加水量來製作麵團，所以口感較為濕潤柔軟，而且入口即化。平子先生希望能夠進一步發揮這款麵團的潛力，所以才以店名作為這款元祖"生甜甜圈"的品項名稱。

一般麵包製程是在烤箱中乾燥的同時進行烘焙，而甜甜圈則以油炸方式加熱。為了讓甜甜圈於油炸時能夠展現出最佳風味，I'm donut? 根據這兩者之間的差異，針對麵團配方與製作方式進行多項改良。以麵團中的油脂為例，由於麵團於油炸時會吸油，因此製作麵團時減少油脂使用量。又因為油炸不如焙烤會產生乾燥現象，所以降低加水率，控制在90％左右。另外提高牛奶占比，打造濃郁且帶有甜點氣息的甜甜圈。甜甜圈美味的要件之一是一口咬下時的口感，因此也重新審視攪拌速度與時間、揉麵團後的最終溫度等製作過程。幾經無數次的試驗後，終於完成口感濕潤且又蓬鬆柔軟的甜甜圈。

另一方面，甜甜圈入口即化的口感，其最大關鍵在於以超過200度C的高溫油炸高加水率的麵團，雖然高溫油炸會使氣泡膨脹，進而導致變形，但這可以透過調整攪拌等製法加以改善。

布里歐麵團有2種風味，原味和巧克力。能夠直接品嚐麵團美味的除了「I'm donut?」和「I'm donut? 巧克力」這兩款，現在還推出填入大量奶油內餡的奶油甜甜圈系列。除了右側照片外，還有包夾奧勒岡香草風味的自製香腸「香腸風味甜甜圈」，以及「卡士達醬」、「開心果奶油」、「覆盆子」風味的奶油甜甜圈，還有期間限定風味的奶油甜甜圈。

I'm donut?
拌入南瓜的高加水率麵團，以高溫‧短時的方式油炸，保留柔軟又入口即化的口感。這就是店裡的元祖"生甜甜圈"。最後撒上蔗砂糖和糖粉2種砂糖，打造具有層次感的甜味。

I'm donut? 巧克力
在I'm donut? 的布里歐麵團裡添加可可粉製作成麵團。最後撒上可可砂糖，打造經典可可風味，另外以帶有水果酸味的紅可可裝飾，增添可可風味的深度與層次感。

法蘭奇甜甜圈
法蘭奇甜甜圈的口感濕潤且Q彈，咬感也非常棒。將布里歐麵團捲成圓圈狀後，在4個角落刻畫切口後再放入鍋中油炸。

草莓奶油甜甜圈
在「i'm donut?」甜甜圈中，滿滿地填入由卡士達鮮奶油與打發鮮奶油混合而成的「外交官奶油」，內外都搭配了香氣濃郁的草莓。

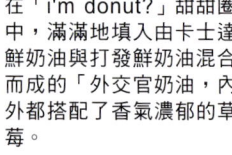

and more!

I'm donut ?

甜麵包麵團 → 製作成14種甜甜圈！

原味　　巧克力　　抹茶

使用味道單純的瘦麵團，透過添加優格或蜂蜜等素材，不僅襯托甜餡料的甜味，也打造柔軟口感與溫和風味。相較於其他種類的麵團，甜麵包麵團的甜度略高，但也並非如大家想像中的"甜麵包麵團"那般甜膩且又使用大量奶油和蛋黃。

該店的甜甜圈中，絕大多數都是使用這種麵團製作而成，除了照片中的品項外，還有澆淋檸檬糖釉且撒上大量檸檬皮的「檸檬」風味甜甜圈、以巧克力麵團為基底且澆淋巧克力糖釉的「巧克力糖釉」風味甜甜圈、澆淋大量濃郁開心果糖釉的「開心果」風味甜甜圈、澆淋添加大量大溪地產香草莢的白巧克力醬，並且炙燒至表面飄出芳香味的「炙燒香草白巧克力」風味甜甜圈、澆淋楓糖漿糖釉且撒上大量義大利燻火腿的「楓糖火腿」風味甜甜圈、在油炸成貝奈特形狀的巧克力甜甜圈裡填入大量自製紅豆粒內餡的「巧克力紅豆」風味甜甜圈、在抹茶甜甜圈表面撒上大量黃豆粉砂糖的「抹茶紅豆黃豆粉」風味甜甜圈，以及在巧克力甜甜圈上澆淋焦糖巧克力醬，然後再撒上大量焦糖堅果的「酥脆堅果」風味甜甜圈等多樣化品項。

原味糖釉甜甜圈
將原味麵團捲成圓圈狀並沾裹薄薄一層糖釉，增添酥脆口感。酥脆感與麵團本身的Q彈口感形成有趣的對比，口腔裡宛如彈奏著一首交響曲。

可可風味甜甜圈
油炸巧克力麵團後再澆淋巧克力糖釉，一款充滿濃郁巧克力風味的甜甜圈。最後再以熟可可粒作為點綴，同時也能增加口感。

椰子風味甜甜圈
在原味甜甜圈裡填入大量椰子絲。充滿熱帶風情的甜美香氣和椰子絲的清爽口感，令人留下深刻印象。

抹茶白巧克力
將充滿濃郁抹茶香氣的抹茶麵團油炸後，再沾裹大量白巧克力。抹茶的微苦搭配白巧克力的香甜，相互襯托更加美味。

松露風味甜甜圈
使用原味甜甜圈為基底，沾裹充滿松露濃郁香氣的糖霜，最後再以竹炭鹽（混合竹炭粉末鹽）作為點綴。

明太子甜甜圈
在油炸好的原味甜甜圈上塗抹自製明太子奶油，稍微炙燒表面使其充滿焦香味。以甜甜圈方式來呈現明太子法式麵包。

鰻魚起司風味甜甜圈
使用原味甜甜圈為基底。混合使用切達和高達2種起司，再加上自製的法式白醬，最後擺上充滿鹹味和鮮味的鰻魚並稍微炙燒以增加香氣。

DONUT SHOP and more!

雞蛋布里歐麵團 →
製作成4種甜甜圈！

雖然這裡的使用麵團名為「布里歐麵團」，但其實和「I'm donut?」所使用的布里歐麵團截然不同，搭配大量雞蛋讓麵團整體風味更為濃郁。

使用雞蛋製作的麵團雖然嚼感佳，但也容易偏乾燥。為了打造濕潤口感，透過搭配數種製作麵包的工法以提高保水性。除了右側品項外，還有在貝奈特形狀的麵團裡，如右上方的「雞蛋」甜甜圈一樣填入大量混合自製明太子奶油內餡的「明太子雞蛋」風味甜甜圈。

法式鄉村麵包麵團 →
製作成6種甜甜圈！

原味　　黑芝麻　　橄欖

使用100％北海道產小麥麵粉「北方之香」。「北方之香」小麥麵粉極具彈性和嚼勁，而且充滿濃郁的小麥風味與香氣。為了充分發揮這款麵粉的特性，僅以小麥麵粉、鹽、水和酵母製作法式鄉村麵包麵團。這款麵團保有日本人偏好的紮實與彈性，在咬感方面也有不錯的表現。

另一方面，這款麵團最大的魅力在於中性味道，既能搭配甜味內餡，也適合搭配平時餐桌上常見的熟食配菜。除了原味麵團外，還有混合黑芝麻醬和黑芝麻顆粒，增添濃郁香氣和Q彈口感的黑芝麻麵團，以及拌入切碎綠橄欖的橄欖麵團。除了右側列出的品項外，還有如同北方之香甜甜圈，將黑芝麻麵團於油炸後撒上糖粉狀蔗砂糖的「黑芝麻」風味甜甜圈、使用北方之香甜甜圈並包夾大量紅豆和煉乳的「紅豆煉乳」風味甜甜圈，以及如同北方之香甜甜圈，將橄欖麵團於油炸後夾入大量生火腿的「橄欖」風味甜甜圈。

and more!

雞蛋風味甜甜圈

將柔滑的炒蛋和美乃滋混合在一起製作成內餡，並且填入大量內餡的雞蛋風味甜甜圈。

法蘭奇甜甜圈

將雞蛋布里歐麵團捲成圓圈狀後油炸，口感柔軟且一咬就斷。

水果甜甜圈

先將蔓越莓、芒果、鳳梨等水果乾浸泡在白葡萄酒中，然後再填入麵團裡。吃起來水嫩多汁，好比新鮮水果的口感，唯有甜甜圈才品嚐得到的濃縮風味。

北方之香甜甜圈

使用能夠品嚐到小麥麵粉的美味，而且口感Q彈的麵團製作。氣孔大小不一且隨機分布，打造出獨具特色的形狀。

紅豆開心果風味甜甜圈

黑芝麻的口感、自製粒狀紅豆餡的天然甜味、添加煉乳奶油且充滿濃郁香氣的開心果，三者融合出絕妙的和諧風味。

and more!

I'm donut?

法式麵包麵團 →
製作成5種甜甜圈！

使用製作法式麵包的瘦麵團。最大特色是加水率非常高，咬感佳。由於使用製作法式麵包的麵團，非常適合搭配熟食配料的內餡。延續「AMAM DACOTAN」的風格，主打餡料多且分量十足的鹹味甜甜圈。除了照片中的品項外，還有填入大量自製法式白醬和明太子奶油內餡，再以烤箱焙烤的「焗烤明太子甜甜圈」，以及填入大量溫泉蛋、鰻魚、烤高麗菜的三明治風「鰻魚溫泉蛋甜甜圈」。

斯佩耳特麵團 →
製作成3種甜甜圈！

斯佩耳特小麥是古代麥種，據說比較不容易引起小麥過敏現象，因此歐美地區經常使用斯佩耳特小麥麵粉製作麵包。I'm donut?甜甜圈專賣店使用100%有機栽培的斯佩耳特小麥麵粉，這款麵團是針對偏好有機食品的需求者所開發出來的。斯佩耳特小麥麵粉比一般小麥麵粉的吸水性更好，為了平衡口感，在加水率和攪拌方面花了不少心力進行調整。除了照片中的品項外，還有一款「斯佩耳特白巧克力甜甜圈」，將甜甜圈油炸成貝奈特形狀，然後沾裹白巧克力，並且以蔓越莓裝飾。

I'm burger?
填入大量充滿奧勒岡香氣的義大利香腸、番茄和醃漬紫甘藍等餡料的甜甜圈漢堡。

超級美式風甜甜圈
切開糖釉甜甜圈，夾入厚切培根和特製起司醬。甜鹹交織的美式風格甜甜圈。

B.E.T
餡料包含厚切培根、羽衣甘藍、番茄和煎蛋，用甜甜圈來打造B.E.T三明治。

and more!

斯佩耳特小麥甜甜圈
一款能夠享用濃郁香氣、獨特風味與味道的甜甜圈。最後撒上一些糖霜增添口感。

and more!

斯佩耳特巧克力甜甜圈
將麵團油炸成貝奈特形狀，沾裹巧克力醬，巧妙融合巧克力與斯佩耳特小麥麵粉的香氣、風味。

DONUT SHOP

永續麵團（sustainable）→製作成3種甜甜圈！

正因為是純手工製作，難免出現形狀不一致的瑕疵品或烘焙時產生的剩餘品，為了避免造成浪費，針對這些產品進行再次加工並賦予新的生命，平子先生將其命名為「永續麵包」＝「再生麵包」。而這個理念也延續至I'm donut？甜甜圈專賣店。由於每天大量使用布里歐麵團製作取名自店名的招牌甜甜圈，所以難免會出現一些形狀不規則，無法陳列在展示櫃上的瑕疵品。為這些瑕疵品賦予全新價值的就是「永續」系列甜甜圈。除了照片中的品項外，還有塗抹大量自製蜂蜜奶油後再放入烤箱中烘烤的「蜂蜜甜甜圈」。

歐姆蛋甜甜圈
切開原味I'm donut？甜甜圈，夾入一整份蓬鬆的歐姆蛋，然後再對半切開。金黃色剖面相當鮮豔奪目。

烤地瓜甜甜圈
將地瓜烤得濕潤綿密，切下厚厚一塊並夾入原味I'm donut？甜甜圈中，撒上晶粒白砂糖並炙燒讓表面焦糖化。

and more!

I'm donut？平子先生的商品開發

中目黑店開幕的同時已經決定籌設澀谷店，正式推出品牌之前，平子先生已經構思80種品項。平時腦中只要一出現商品靈感，平子先生會立即記錄在手機中。思考角度並非「這種麵團可以發展出幾種口味」，而是「以這個食材為主的話（或者若要搭配這種食材），應該使用哪一種麵團比較合適」，嘗試在腦中想像食材與麵團的契合度。這種商品開發思維模式源自於平子先生身為廚師的職業生涯。採買食材的時候，一看到當季的新鮮魚類、蔬菜或水果，腦中便開始進行組合，而且一回到店裡，就開始著手將靈感具體化。如今在烘焙廚房裡，同樣也是採用這種方式完成每一道食譜。雖然靈感源源不絕，但其實要從中篩選並具體化才是真正困難的地方。

平子良太 先生
1983年出生於長崎縣，曾在義大利餐廳累積廚師經驗。2012年成立「Pasta Hiracon' chez」（目前已停業），2018年首次踏入烘焙業，在福岡六本松成立「AMAM DACOTAN」烘焙坊，並且於2022年開設甜甜圈專賣店「I'm donut？」，於2023年推出AMAM DACOTAN副品牌「daōc」。目前在福岡和東京共計有10間店鋪。

SHOP INFORMATION
東京都渋谷区2-9-1
instagram@i.m.donut

DONUT VARIATION
120

CHAPTER 2

結合烘焙坊與法式甜點的特別甜甜圈

麵包坊傳授
酵母甜甜圈的製作方法

KISO的LAND 甜甜圈

KISO

SPECIAL DONUT

AICHI
NAGOYA

「KISO」是麵包達人加藤先生所開創的烘焙坊，參與多種甜甜圈的開發，像是近幾年來蔚為話題的「生甜甜圈」。目前店裡僅提供一種招牌甜甜圈「LAND」。接下來加藤先生將為我們仔細介紹這個獨特美味的結構組成與製作方法。

KISO最先推出的甜甜圈是使用布里歐麵團（奶油使用量大、加水率高）所製作的「生甜甜圈」。最大特色是入口即化的獨特口感，為了讓客人在最佳時機享用，我們採用現點現油炸的方式提供，並且只限定店內食用。

但不少來店客人經常詢問我們「可以外帶嗎？」在這個同時，我們也很希望能有更多人能夠品嚐這款甜甜圈，於是，幾經思索後，「LAND甜甜圈」誕生了。這款甜甜圈的名稱來自於一間名為「LAND」的人氣烘焙坊，老闆與我同年齡，這是他2015年至2023年在京都所經營的烘焙坊。雖然LAND甜甜圈是KISO的原創配方，但為了表達對LAND烘焙店的敬意，特地將100g大尺寸的設計款命名為LAND。

「LAND甜甜圈」的麵團是基於讓客人「即使帶回家吃也依舊美味」的目標而特別調製。

像布里歐麵團這類油脂含量高的麵團，由於容易變油膩且後半段口感會變厚重，所以我們刻意將奶油比例控制在20%，然後再透過充分攪拌以利產生麩質，有助於減少油脂滲透至麵團內部，油炸後比較不油膩。另一方面，添加製作成葛餅狀的「湯種」（水量和小麥麵粉的比例為5：1），這是讓麵團濕潤且維持固定形狀的關鍵。起鍋後的甜甜圈蓬鬆柔軟，咬下的瞬間宛如棉花糖般Q彈且入口即化，是一款Q彈又順口的甜甜圈。

最後收尾時撒上晶粒白砂糖。曾經嘗試使用蔗砂糖，但為了保留麵團美味，改用既能增加甜味且不影響食材味道與風味的晶粒白砂糖。

後來我們也用這款麵團來製作吐司。原本KISO只有一款瘦麵團製作的吐司，但基於顧客「希望吐司能稍微柔軟些且容易入口」的心聲，我們便使用這款麵團製作吐司。這款吐司擁有適度彈性且入口即化，還帶有淡淡的香甜牛奶味，深受大人和小孩的喜愛。

老闆兼主廚　加藤耕平 先生
1988年出生於愛知縣。自大學時代起就開始接觸麵包製作，畢業後曾服務於「Four de h」（現為大阪「PARIS-h」）、「THE CITY BAKERY」、「PAIN STOCK」（福岡）等麵包坊。2021年9月獨立創設「KISO」，和同為麵包達人的妻子美穗女士共同經營這家店。

美味關鍵

添加小麥麵粉和以5倍量的水製作的「湯種」

在麵團裡添加「湯種」，讓麵團具有彈性且入口即化。一咬下去的瞬間，立即感受得到Q彈口感，隨後就像棉花糖般在口中化開。

蓬鬆柔軟的大尺寸圓圈狀甜甜圈

為了讓客人有"麵包店的甜甜圈"這種感覺，使用膨脹程度較大的圓圈狀模具。由於是100g大尺寸的甜甜圈，在表面撒上晶粒白砂糖，增加口感的同時也突顯甜味，讓整體風味更和諧。

使用玄米油作為油炸用油，口感清爽不油膩

使用具有香氣且無雜味的玄米油作為油炸用油，放入200度C的熱油中炸3分鐘。玄米油能炸出酥脆口感，而且放置一段時間也不會變油膩。

SHOP INFORMATION

KISO
愛知県名古屋市昭和区広見町1-7
桜山SUITE 1F
8:00～17:00
（每週四提供飲品 10:00～17:00）
tel. 052-890-8510
週二・週三公休
instagram@kiso_nagoya

KISO 的
LAND 甜甜圈

DAY 1
製作湯種
加熱至67度C → 5度C・靜置一晚

DAY 2
攪拌
螺旋式攪拌機
預先混拌小麥麵粉・鹽・奶油
倒入酵母、冰水、湯種 →
低速運轉10分鐘 → 中速運轉10分鐘
切換至中速運轉後，
分3～4次加入牛奶和水
最終麵團溫度為18度C

第一次發酵
室溫（約25度C）・30分鐘

排氣翻麵
2次（排氣翻麵 → 30分鐘 →
排氣翻麵）

再次發酵
室溫（約25度C）・1小時

冷藏發酵　5度C・一晚

DAY 3
分割・滾圓　100g

整形①　法國長棍麵包狀

中間發酵
室溫（約25度C）・30分鐘

整形②　圓圈狀

最終發酵
廚房內較溫暖的地方
（約30度C）・1小時

油炸
玄米油（180～200度C）
翻面後繼續炸3分鐘

冷卻
室溫（約25度C）・30分鐘以上

收尾　撒上晶粒白砂糖

INGREDIENTS（5kg麵粉）　麵團總重量1萬3540g
＊以5kg的「YUMEAKARI」為100%去計算烘焙比例

高筋麵粉（「愛知縣產的YUMEAKARI」西尾製粉）… 5kg/100%
鹽（越南產日曬鹽「KHANH HOA SALT」）… 100g/2%
蔗砂糖 … 900g/18%
無鹽奶油 … 1kg/20%
速發乾酵母（Saf・金）… 40g/0.8%
酵母預備發酵用的熱水（40度C）… 250g/5%
冰水＊1 … 1750g/35%
湯種＊2 … 取下述3kg/60%
　高筋麵粉（「愛知縣產NISHINOKAORI T60」平和製粉）… 900g
　熱水（80度C）… 4.5kg
分次添加的牛奶 … 1kg/20%
分次添加的水 … 500g/10%
油炸用油（玄米油）… 適量
晶粒白砂糖 … 適量

＊1　冰塊分量為總水量的200g，但實際用量會依據當時的氣溫進行調整。
＊2　湯種製作方法 → 將高筋麵粉和熱水倒入鋼盆裡，以打蛋器充分混拌均勻。為避免麵團凝固，邊攪拌邊加熱，加熱至67度C。移至密封容器中，稍微放涼後靜置在冷藏室（5度C）一晚。

何謂分次添加
攪拌至後半段時，待麵團成形後追加放入的水分。這個方法有助於提升麵團的加水率。

DAY 2　攪拌

1
將速發乾酵母和熱水倒入攪拌盆中混合在一起。靜置在室溫（20度C）下。如照片所示，開始起泡時表示一切就緒。

2
將高筋麵粉、鹽、蔗砂糖、無鹽奶油倒入攪拌機的攪拌盆中，先以低速運轉攪拌至奶油不再呈塊狀。一口氣倒入步驟 **1** 的酵母和冰水、湯種。

3
低速運轉攪拌10分鐘後，轉為中速運轉攪拌10分鐘。中速運轉的後半段，分3～4次追加倒入牛奶和水。後來才添加牛奶的話，可以讓麵團更顯奶香味。另外，為了避免麵團變得過軟，務必讓麵團維持在18度C以下，所以要依據當天氣溫增減冰塊用量。照片為分次添加水之前的麵團狀態。

4
最終麵團溫度為18度C。將麵團均勻分成2份並移至塑膠盒中。置於室溫下30分鐘。

CHAPTER 2

排氣翻麵

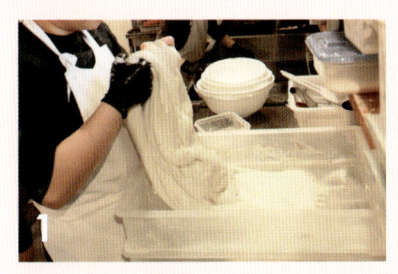

將麵團從左右兩側往中央摺疊,摺成三摺。將前後兩側也同樣往中央摺疊,也是摺成三摺。延展靠近身體這一側的麵團時向上提起並朝向對側摺疊,重覆2次讓麵團表面更具彈性。到這個步驟為止算是一次的排氣翻麵。30分鐘後再重覆操作一次排氣翻麵。根據麵團強度,增減摺疊次數。

第一次發酵

照片為完成第2次排氣翻麵的狀態。靜置在室溫下1小時左右,然後進行第一次發酵。由於每一天的氣溫和製作麵團分量不盡相同,請根據當下狀況調整發酵時間。

冷藏發酵

第一次發酵後移至5度C的冷藏室靜置一晚。在麵團表面撒些手粉,倒扣塑膠盒將麵團移至工作檯上。

分割・滾圓・整形①

1. 為了調整麵團強度,再次從左右兩側向中央摺疊,摺成三摺。然後分割成每份100g,讓表面充滿彈性並滾成圓形。

2. 將麵團收口處朝上,然後延展成細長條狀,用手掌壓成橫向橢圓形。以延展成法國長棍麵包的手法,將靠近身體側1/3的麵團朝中央摺疊,再將對側麵團也向中央摺疊,然後以中央為最終收口線,將對側麵團朝收口線摺疊,再將身體側麵團也朝收口線摺疊。以手掌根部輕壓收口線。

中間發酵

以收口線朝下的方式將麵團排列在塑膠盒中,靜置於室溫下30分鐘左右。照片為中間發酵後的狀態。

整形②

1. 將麵團以收口線朝上的方式擺在工作檯上,用手掌輕輕壓平。將近身側1/3麵團朝中央摺疊,再將對側1/3麵團同樣摺疊。

2. 輕壓其中一端並進行延展,然後將另一端包捲起來成圓圈狀。在烤盤上鋪烘焙紙,噴灑脫模油(分量外),接著將圓圈狀麵團排列在上面。

最終發酵

將烤盤置於烤箱上等較為溫暖的地方,靜置1小時進行發酵。照片為發酵後的狀態。

油炸

1. 將玄米油倒入鍋裡,加熱至180〜200度C,接著放入甜甜圈麵團油炸。油炸過程中反覆上下翻面,油炸3分鐘左右上色。移至網架上,靜置冷卻。

2. 撒上晶粒白砂糖。

SPECIAL DONUT

麵包坊傳授
蛋糕甜甜圈和可頌甜甜圈的製作方法

Boulangerie Django 的
蘋果西打甜甜圈和丹麥甜甜圈

Boulangerie Django

SPECIAL DONUT

TOKYO
NIHONBASHI

若說到麵包坊的蛋糕甜甜圈，肯定非Boulangerie Django的蘋果西打甜甜圈莫屬。除了這款人氣商品外，2024年4月再次推出充滿檸檬清爽香氣的丹麥甜甜圈。接下來為大家詳細介紹這2款特別甜甜圈的製作方法。

CHAPTER
2

126

蘋果西打甜甜圈是使用壓榨蘋果汁所製作的甜甜圈。這是一款起源自蘋果大國美國東海岸農莊的小點心。幾年前我們受邀參與以美式小餐廳為主題的活動，為此請人直接從當地寄來幾款甜甜圈供品嘗。吃過後發現只要添加100％蘋果汁，製作方法就不會受到限制。於是，我們開始構思外皮酥脆、內層濕軟的蛋糕甜甜圈。原本只在活動中推出這款甜甜圈，但因為深受好評，目前已成為店裡的招牌品項。

一開始我們使用蘋果泥製作，但為了能夠全年供應，便改用自製蘋果果醬和蘋果汁等量混合的方式製作。連同蘋果皮一起使用，打造更具美式豪邁風格的味道。另一方面，基於當初是一款使用身邊隨手可得的食材所製作的甜點，於是我們開始嘗試使用日本國產蘋果和使用當地食材製作的麵粉。美國的甜點食譜多半會添加白脫牛奶（牛奶製作成奶油後剩餘的液體），但因為在日本難以取得，於是我們構思新的食譜，改用脫脂奶粉，盡量重現同樣的風味。

至於丹麥甜甜圈，如同製作可頌甜甜圈般需要摺疊奶油，不過最後是以油炸方式處理，所以我們提高麵團含水量，並且減少摺疊奶油的次數。整體口感比可頌甜甜圈更柔軟，但會比一般甜甜圈麵團略微紮實。

將摺疊麵團於壓模成圓形後油炸，容易出現各層散開的現象，但話雖如此，層次如果太厚，反而無法打造酥脆的輕盈口感。於是我們參考韁繩蒟蒻的作法，將甜甜圈麵團調整成類似形狀。先在中間切一刀，將三個邊角穿過切口，如此一來，在發酵‧油炸過程中，膨脹的麵團彼此制衡，有助於避免層次剝離散開。

附帶一提，進行完奶油摺疊的麵團，在整形之前先放入冷凍庫裡保存，然後放入冷藏室解凍後再進行整形作業。這是因為麵團含水量高且質地偏軟，要整體均勻冷卻並不容易。雖然看似費時費力，但實際操作起來會更順手，麵團狀態也更穩定。以片狀方式冷凍比較不占空間。

無論哪一種甜甜圈，整形後都可以冷凍保存。本店通常是一次性製作大量麵團，然後冷凍保存，視當天營運狀況再逐批進行油炸。就算是一般甜甜圈專賣店，這樣的操作方式也不會造成太大負擔，而且還能增加麵團的變化性，我個人十分推薦。

老闆兼主廚　川本宗一郎 先生
1973年出生於東京都，26歲時踏上烘焙師之路。曾在千葉和東京的烘焙坊當學徒，2010年和同樣身為烘焙師的妻子奈津子女士共同在東京‧江谷田創立「Boulangerie Django」這家店，並且於2019年遷移至現址。

美味關鍵

仿效發源地的製作精神，使用當地國產蘋果和麵粉

使用秋田農家種植的蘋果，若有紅玉品種，建議使用紅玉蘋果，沒有的話，使用當季最鮮美的蘋果。相同麵粉也用於製作可頌甜甜圈麵團，所以使用北海道產石臼研磨的小麥麵粉。

使用脫脂奶粉打造美式甜點風格

美國的甜點食譜中一般不使用牛奶，而是使用白脫牛奶的脫脂乳製品，於是我們選擇使用脫脂奶粉，以求打造美式風味。

麵團不剝離分散，維持層次分明的整形技巧

特別在整形作業上進行調整，不僅能避免麵團層層剝離，同時也能打造出可愛造型。油炸後外皮酥脆，內層濕潤柔軟，能夠同時享用兩種口感。

SHOP INFORMATION

Boulangerie Django
東京都中央区日本橋浜町3-19-4
tel. 03-5644-8722
8:30〜18:00
la-boulangerie-django.blogspot.com
instagram@b_django

Boulangerie Django 的
蘋果西打甜甜圈

INGREDIENTS（30個分量）

A *1
- 日本國產中筋麵粉（「本別町的石臼研磨麵粉」AGURISHISUTEMU）… 800g
- 泡打粉 … 24g
- 脫脂奶粉 … 40g
- 鹽 … 6g
- 肉桂粉 … 6g
- 綜合香料粉 … 5g

B
- 奶油 … 220g
- 晶粒白砂糖 … 160g
- 海藻糖 … 40g
- 全蛋（M尺寸）*2 … 4顆
- 自製蘋果果醬*3 … 160g
- 蘋果汁（100%純果汁）… 160g
- 肉桂砂糖*4 … 適量

*1 將A食材倒入攪拌機的攪拌盆中，以橡膠刮刀混合均勻備用。
*2 事先融化備用。
*3 使用整顆蘋果（若有紅玉品種，建議使用紅玉蘋果）2～3成的果皮，剩下的果肉切成一口大小。將蘋果重量約20%的晶粒白砂糖一起倒入鍋裡加熱，熬煮至沸騰。蘋果變半透明後，倒入攪拌機中攪拌成泥狀，然後冷凍保存。
*4 將100g的晶粒白砂糖和2g的肉桂粉攪拌均勻備用。

1 將B食材倒入鍋裡加熱，以打蛋器攪拌。

2 奶油融化後將鍋子自火爐上移開，並且持續攪拌至黏稠狀後，一口氣倒入蛋液混合在一起。

3 自冷凍庫取出蘋果果醬，倒入一半分量的蘋果汁混合在一起。

4 將步驟3食材倒入步驟2食材中，混合在一起。混拌均勻後，倒入剩餘的蘋果汁混合在一起。

5 將步驟4食材倒入裝有A食材的桌上型攪拌機攪拌盆中，裝上攪拌槳，以低速運轉攪拌，看不見粉末狀後，改為中速運轉攪拌2分鐘左右。

6 用塑膠膜將麵團包起來，用手延展成厚度略小於2公分的長方形。置於冷凍庫裡冷凍保存。由於麵團的奶油含量較多，質地會較為柔軟，必須冷凍至容易壓模的硬度。

7 使用厚度1.2公分的定位尺作為依據，然後用擀麵棍延展麵團。

8 在直徑7.8cm且洞孔直徑3.8cm的甜甜圈模具中撒手粉，進行壓模。將洞孔麵團和多餘的麵團揉合在一起，重新延展成厚度1.2cm後進行壓模。

9 取直徑6cm的圓形圈模，壓入甜甜圈麵團至一半深度後直接冷凍保存。

10 在平底鍋裡倒入棉籽油（分量外・適量）並加熱至180度C，以壓切面朝上的方式將冷凍麵團放入熱油中。油炸2分40秒後上下翻面，繼續油炸2分40秒。

11 沾裹肉桂砂糖。

CHAPTER 2

128

Boulangerie Django 的
丹麥甜甜圈

DAY 1

攪拌
桌上型攪拌機（安裝攪拌槳）
倒入奶油以外的食材，
低速運轉攪拌約1分30秒 →
中速運轉約3分鐘→高速運轉約5分鐘 →
放入奶油 → 低速運轉攪拌數十秒 →
中速運轉4～5分鐘 →
高速運轉4～5分鐘
最終麵團溫度為24度C

第一次發酵
28度C・濕度78%・1小時

排氣翻麵
1次 → 30cm正方形

冷凍
一晚

解凍
冷藏室（4度C）・1小時

摺疊
摺成3摺 → 摺成4摺

中間發酵
冷凍庫・40～60分鐘

整形・冷凍
延展成5cm×6cm平行四邊形 →
先在中間切一刀 →
將三個邊角穿過切口
（製作蒟蒻繩的手法）→ 冷凍

解凍・最終發酵
室溫（20度C）・1小時30分鐘～2小時

油炸
棉籽油（180度C）
油炸1分15秒 →
上下翻面後繼續油炸1分15秒

收尾
室溫（20度C）・30分鐘 →
撒上晶粒白砂糖

INGREDIENTS（60個分量）

麵團
| 法式麵包用準高筋麵粉（「LYS DOR」日清製粉）… 1kg／100%
| 全蛋 … 240g／24%
| 半乾性酵母（saf・金）… 12g／1.2%
| 白砂糖 … 160g／16%
| 鹽 … 15g／1.5%
| 牛奶 … 320g／32%
| 檸檬皮 … 2顆分量
| 奶油 … 160g／16%
摺疊用奶油*1 … 400g
油炸用油（棉籽油）… 適量
晶粒白砂糖 … 適量

*1 切成1cm厚度，用保鮮膜包起來，置於冷藏室充分冷卻備用。

DAY 1　**攪拌**（照片1～5為備料分量中的一半分量）

1
使用刨絲器削檸檬皮，或者薄薄切下檸檬皮後再以水果刀切成細絲。（照片右側為使用刨絲器削皮）。

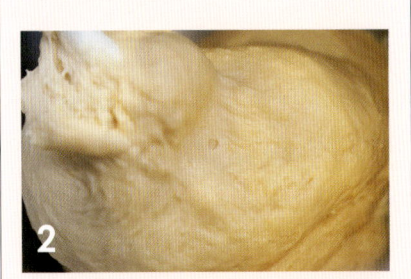

2
將奶油以外的食材倒入桌上型攪拌機的攪拌盆中，裝上攪拌槳，先以低速運轉攪拌1分30秒，接著轉為中速運轉3分鐘左右，最後高速運轉5分鐘左右。攪拌過程中，不時將附著在攪拌葉或攪拌盆邊的麵團刮下來，重新混合在一起。如照片所示，攪拌成團，但表面略帶粗糙的狀態即可停止。

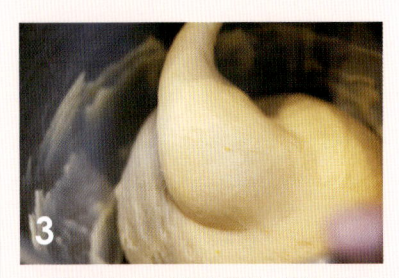

3
加入奶油後以低速運轉攪拌。奶油大致和麵團融合在一起時，改為中速運轉4～5分鐘，接著高速運轉4～5分鐘。最終麵團溫度為24度C。

第一次發酵

1
用保鮮膜將麵團包起來，用雙手延展成大約2cm厚度的長方形。靜置在溫度28度C・濕度78%的凍藏發酵箱中1小時進行發酵。

SPECIAL DONUT

排氣翻麵・冷凍

1 用手輕壓排除空氣，調整成厚度均一的30cm左右的正方形，用塑膠膜包起來並靜置在冷凍庫裡一晚。

摺疊

1 用擀麵棍輕輕敲摺疊用奶油並延展成30cm左右的正方形，調整至適合摺疊的硬度。

2 將步驟1的麵團移至冷藏室，靜置1小時左右，調整奶油硬度至適合摺疊。延展成寬30cm×長60cm的大小，對半切開，將奶油夾在兩片麵團中間。

3 用手將邊緣調整漂亮，可以清楚看到3層正方形疊在一起。

4 使用壓麵機進行延展，切成3等分後疊在一起（第一次摺成3折）。

5 接著再次進行延展、對半切開並疊在一起，重覆操作2次（第一次摺成4折）。關鍵在於仔細調整麵團形狀，整形成邊緣也層次分明的正方形。

中間發酵

1 延展成1.5～1.6cm的厚度，用保鮮膜包覆並靜置於冷凍庫裡40～60分鐘。也可以直接冷凍保存。

整形

1 用手輕壓將麵團剖面壓直整平。如照片所示，將麵團稍微斜向擺放在壓麵機上，經過數次壓整，延展成30cm×60cm，厚度9mm的長方形（整形時為避免造成無謂的浪費，盡量延展成平行四邊形）。

2 裁切成寬約5cm的平行四邊形（1條約40g）。首先，將麵團縱向切成5等分，分成5條寬6cm的長條狀。

3 將其中3條和2條分別疊在一起，然後各自分成3等分。接著再各自分成4等分（共12等分）。

4 將步驟3的麵團朝統一方向排列，並且用刀子在每份麵團的中間割切口（沿著對角線劃一刀）。

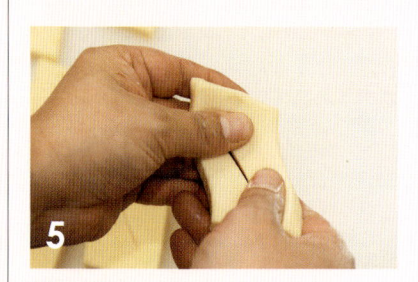

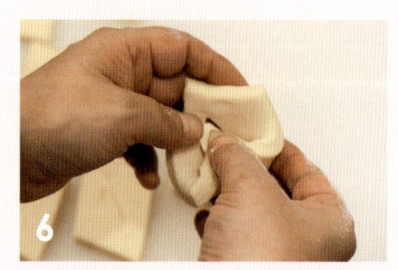

5 輕輕拉開切口。

6 以製作䉤繩蒟蒻的手法，將對角線上的一側穿過切口。

CHAPTER 2

7

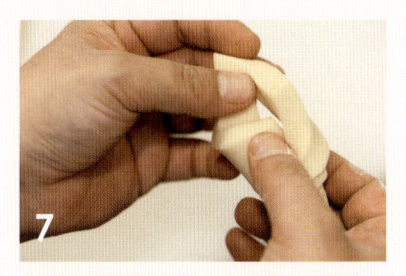

左側邊角會隨著步驟6的動作自然被帶入切口中，所以直接順勢推入切口內就好。

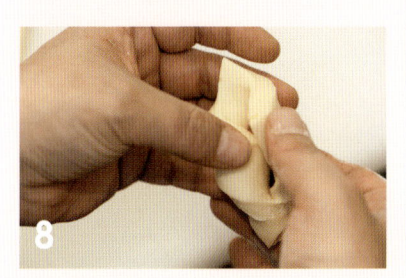

8

壓住步驟7中推入切口的邊角，然後將右側邊角也壓入切口中。

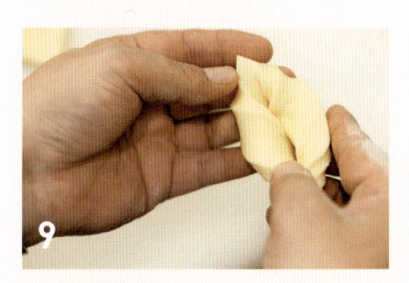

9

只要左側邊角與右側邊角互相卡住，不會鬆開就完成了。

10

排列在烤盤上，用保鮮膜連同烤盤一起包起來並冷凍。結凍後裝入塑膠袋中，再次冷凍保存。

解凍・最終發酵

1

將麵團排列在鋪有烘焙墊的烤盤上，靜置於室溫（20度C）下1小時30分鐘～2小時，表面適度乾燥後進行解凍・最終發酵。

油炸

1

加熱棉籽油至180度C，將麵團放入熱油中，單面各油炸1分15秒。起鍋後直立在托盤上瀝油。上下顛倒後再次瀝油。

2

油炸後的麵團稍微冷卻後，放入裝有晶粒白砂糖的容器中，讓表面均勻沾裹一層糖衣。

關於麵團的摺疊

麵團摺疊次數會影響整體外觀與口感。左側為3摺×4摺，右側為3摺×3摺。摺疊次數越多，每一層的厚度會遞減，外皮酥脆且內部濕潤。而摺疊次數少的話，麵團具有更紮實的咬感。

SPECIAL DONUT

法式甜點店傳授
泡芙甜甜圈的製作方法

EN VEDETTE 的
法蘭奇甜甜圈

EN VEDETTE

SPECIAL DONUT

TOKYO
KIYOSUMI - SHIRAKAWA

雖然泡芙甜甜圈是人氣商品，但專賣泡芙甜甜圈的店家卻很少。主要原因是維持麵團的穩定性並不容易，而且製作過程中的組裝也有一定難度。泡芙是法式甜點，這次特別邀請以豐富創意聞名的法式甜點店「EN VEDETTE」的森主廚，為大家介紹一款如何克服諸多困難的泡芙甜甜圈食譜。

CHAPTER 2

132

法蘭奇甜甜圈是油炸泡芙麵團製作而成，但沒有稍做一些細節調整的話，油炸時可能出現過度膨脹而爆裂，或者形狀凹凸不平等現象。這是因為麵團容易隨著加熱方式而產生變化。

泡芙的麵團含水量高，通常是透過烤箱慢慢加熱使麵團膨脹，然後再將表面焙烤至定型。但以「油炸」方式加熱的法蘭奇甜甜圈，則是先透過高溫的油使麵團表面變硬，然後內部才開始膨脹。由於水分含量高的麵團會大幅度膨脹，進而突破已經變硬的麵團表面。

也就是說，泡芙麵團若要以油炸方式加熱，必須具有能夠承受膨脹壓力的適當硬度。但如果因此使用高筋麵粉，可能會造成膨脹度不夠、不容易熟透、嚼感不佳、口味過於厚重等缺點，在這樣的情況下，自然無法呈現法蘭奇甜甜圈的蓬鬆柔軟特色。

這次為大家介紹的食譜是透過提高低筋麵粉的比例來調整麵團硬度。一般泡芙用麵團是水量和低筋麵粉的比例為1：0.6，但製作法蘭奇甜甜圈的麵團時，則將低筋麵粉的用量提高至0.8。由於麵粉量增加，麵團自然較為紮實，也不需要像製作泡芙麵團時，炊煮過程中必須非常仔細留意水分蒸發的情況。麵團狀態相對穩定許多。這款麵團的炊煮時間非常短，僅30秒～1分鐘，若完全不炊煮，麵團會因為膨脹過度而凹凸不平，所以千萬不要省略這個步驟。食譜為30～40個分量，這是使用桌上型攪拌機能夠輕鬆製作的分量，但減量至1/2～1/3，也能夠完成穩定的麵團。減量的情況下，請以打蛋器取代桌上型攪拌機。麵團可以冷凍保存，適合一次性備料，然後視銷售情況進行油炸。

麵團的配方是以本店的泡芙麵團為基底，能夠感受到雞蛋的風味。直接吃也非常美味，還可以搭配奶油、巧克力等各式各樣的餡料，增添甜甜圈風味。搭配餡料時，建議選用優質食材，並且盡量精簡。搭配奶油餡或糖漬果粒果醬的話，能夠打造出如生菓子般華麗的面貌。

美味關鍵

穩定性高的配方

一般泡芙麵團會柔軟到緩緩垂落，但法蘭奇甜甜圈麵團則是堅挺到不會從攪拌槳上滴落。這個配方讓沒有技巧的初學者也能製作出穩定又美麗的法蘭奇甜甜圈。

改變花嘴樣式
整體氛圍跟著產生變化

使用8齒花嘴時，由於紋路較粗，整體感覺較為隨性（照片右側）。使用10齒花嘴的話，則能展現出優雅精緻的外貌（照片左側）。

冷凍保存麵團也沒有問題

先將麵團擠在烘焙紙上，然後放入冷凍庫，麵團變硬後再放入夾鏈袋中密封保存。使用時先移至冷藏室解凍，然後再進行油炸。關鍵是中心部位也完全解凍後再放入鍋裡油炸。

老闆兼主廚　森大祐 先生

1978年出生於岐阜縣。東京製菓學校畢業後，曾任職於「GRAND HYATT東京」（東京・六本木），隨後遠赴法國深造。回國後擔任「Patisserie SAKURA」（東京・豐洲）的主廚，並於2016年獨立創業。目前在澀谷SCRAMBLE SQUARE和東京中城八重洲都設有店鋪。

SHOP INFORMATION

EN VEDETTE 清澄白河本店
東京都江東区三好2-1-3
10:00～19:00
tel. 03-5809-9402
週二・週三公休
envedette.jp
instagram@en_vedette_

EN VEDETTE 的
法蘭奇甜甜圈

原味

變化①
皇家糖霜法蘭奇甜甜圈

皇家糖霜是常見於法式甜點中的一種糖霜。糖霜中添加檸檬汁，不僅增添柑橘香氣，也讓容易產生厚重感的油炸甜點變得輕盈爽口。在皇家糖霜中拌入些許刨絲檸檬皮，讓風味更具層次感。

變化②
巧克力榛果法蘭奇甜甜圈

將拌入杏仁碎的巧克力醬淋在法蘭奇甜甜圈上，然後夾入大量榛果糖奶油，最後再撒些烘烤杏仁片，增添新鮮口感與設計感。堅果和巧克力的搭配，瞬間讓味道更顯濃郁。

變化③
聖歐諾黑法蘭奇甜甜圈

「聖歐諾黑」是一種結合奶油和泡芙的法式傳統甜點，現在將聖歐諾黑和法蘭奇甜甜圈組合在一起，然後再堆疊莓果果泥、外交官奶油、草莓、香緹鮮奶油，讓整體更顯華麗，口感更豐富。

變化④
結晶體法蘭奇甜甜圈

只需要將剛起鍋的法蘭奇甜甜圈趁熱放入裝有晶粒白砂糖的鋼盆中就可以了。可以直接品嚐麵團的美味，也可以在晶粒白砂糖中添加刨絲檸檬皮或冷凍乾燥莓果粉，創造更多豐富美味。

CHAPTER 2

EN VEDETTE

變化①
皇家糖霜法蘭奇甜甜圈

INGREDIENTS（20～30個分量）

A
- 牛奶 … 300g
- 奶油 … 180g
- 水 … 300g
- 砂糖 … 12g
- 鹽 … 6g

低筋麵粉（「C blanc」昭和產業）
　… 480g
雞蛋（L尺寸）… 12顆
油炸用油（玄米油）… 適量
檸檬皇家糖霜*1 … 適量

*1　糖粉270g、水50g、檸檬汁12g混拌在一起（容易製作的分量）。

1　將A食材放入鍋裡加熱至沸騰。

2　關火。一口氣倒入過篩後的低筋麵粉，用橡膠刮刀快速攪拌。

> 麵團相當硬，雖然很沉重，但務必充分攪拌。攪拌至沒有任何塊狀。

3　攪拌至沒有粉末狀後，以中火加熱。加熱前必須確認如照片所示，麵團沒有沾黏在鍋底的狀態。

4　以橡膠刮刀像壓碎麵團的方式上下翻攪20～30秒。

5　如照片所示，鍋底出現薄薄一層麵團膜時，代表炊煮完成。自火爐上移開鍋子。麵團呈現光澤且聚成一團的狀態。

6　在桌上型攪拌機上安裝攪拌槳，以低速運轉攪拌步驟5的麵團，然後先加入2顆雞蛋，當雞蛋和麵團充分混合在一起且呈現滑順狀態後，再依序一次倒入一顆雞蛋，同樣都要充分拌勻後再倒入下一顆。

> 雖然費時費力，卻是美味的關鍵。

7　先暫時取下攪拌盆，用橡膠刮刀將附著在攪拌盆上的麵團刮下來。再次將攪拌盆裝在攪拌機上，以低速運轉攪拌至整體均勻滑順。

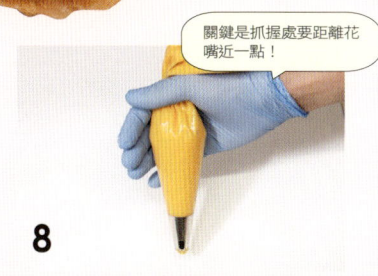

8　將麵團填入裝有星形花嘴（10齒・8號）的擠花袋中。

> 關鍵是抓握處要距離花嘴近一點！

9　在切成10cm左右的正方形烘焙紙上擠一個直徑7cm的圓圈（約30g）。

10　鍋裡倒入玄米油，加熱至170～180度C。將麵團連同烘焙紙一起拿起來，以麵團朝下的方式放入熱油中，兩面各油炸3分鐘。烘焙紙若脫落，將其取出。

11　兩面再次各油炸30秒至1分鐘。

> 由於麵團容易變軟，第二次油炸是為了讓表面變硬變酥脆。

12　趁熱沾裹檸檬皇家糖霜，置於網架上冷卻。

SPECIAL DONUT

變化②
巧克力榛果
法蘭奇甜甜圈

牛奶巧克力的鏡面巧克力（容易製作的分量）
　　牛奶的鏡面巧克力（「BRUNE」CACAO BARRY）… 240g
　　牛奶的調溫巧克力（「LACTE」CACAO BARRY）… 600g
　　可可奶油（「Beurre de Cacao」CACAO BARRY）… 48g
　　杏仁碎 … 120g

1　將所有材料混合在一起，微波加熱融化後攪拌均勻。

卡士達醬（容易製作的分量）
　　蛋黃 … 150g
　　晶粒白砂糖 … 70g
　　低筋麵粉 … 74g
　　牛奶 … 500g
　　香草豆莢 … 1/2根

1　用打蛋器將蛋黃和晶粒白砂糖打發至泛白，加入低筋麵粉混合在一起。
2　將牛奶、香草豆莢的籽和豆莢一起倒入鍋裡煮沸，過篩後倒入步驟1的食材中混合在一起。
3　將步驟2食材倒回剛才煮沸牛奶的鍋子裡炊煮，用橡膠刮刀不停攪拌。煮至後續容易組裝甜甜圈，略微紮實的硬度。

榛果糖奶油（容易製作的分量）
　　卡士達醬 … 取上述卡士達醬的500g
　　榛果糖（CACAO BARRY）… 150g

1　將材料混合在一起，用橡膠刮刀攪拌至均勻。

牛奶巧克力的鏡面巧克力
杏仁片
榛果糖奶油

組裝

1
將法蘭奇甜甜圈浸在牛奶巧克力的鏡面巧克力裡。

2
將1橫向對半切開。

3
用手指壓扁甜甜圈裡的氣泡（為了填入大量奶油）。

4
擠入榛果糖奶油，然後擺上杏仁片。

5
將沾裹鏡面巧克力的半邊甜甜圈覆蓋上去。

變化③
聖歐諾黑法蘭奇甜甜圈

紅寶石果凍醬（容易製作的分量）
- 覆盆子果泥（BOIRON）… 500g
- 冷凍草莓果泥（BOIRON）… 500g
- 覆盆子（冷凍）… 480g
- 晶粒白砂糖 … 360g
- 明膠粉 … 18g
- 水 … 90g
- 草莓利口酒 … 40g

1. 以分量內的水泡軟明膠粉備用。
2. 將利口酒以外的食材倒入鍋裡，邊攪拌邊煮至沸騰。
3. 自火爐上移開鍋子，放在常溫下置涼。溫度降至40度C以下後，注入草莓利口酒混合在一起。

香緹鮮奶油（容易製作的分量）
- 鮮奶油（乳脂肪含量45%）… 300g
- 鮮奶油（乳脂肪含量35%）… 150g
- 晶粒白砂糖 … 32g

1. 將材料混合在一起，打發至9分發。

粉紅翻糖（容易製作的分量）
- 翻糖 … 100g
- 30度波美糖漿*1 … 10g
- 紅色色素 … 少量
- 晶粒白砂糖 … 32g

*1 糖度30度的糖漿。將135g的晶粒白砂糖和100g的水煮沸至砂糖溶解，然後靜置冷卻。

1. 用微波爐加熱翻糖至20～30度C。加入其他材料混合在一起。

外交官奶油（容易製作的分量）
- 鮮奶油（乳脂肪含量35%）… 170g
- 卡士達醬（左頁）… 500g

1. 將鮮奶油打發至10分發。
2. 將步驟1的鮮奶油分2～3次倒入卡士達醬中混合在一起。

標示：粉紅翻糖／冷凍覆盆子乾／香緹鮮奶油／外交官奶油／草莓／紅寶石果凍醬

組裝

1. 將法蘭奇甜甜圈橫向對半切開，在下半部甜甜圈擠一些紅寶石果凍醬。
2. 接著用圓形花嘴在紅寶石果凍醬上擠一些外交官奶油。 
3. 擺上草莓。 
4. 撒些糖粉，接著用星型花嘴擠一些香緹鮮奶油。 
5. 用圓形圈模（直徑7cm)在上半部甜甜圈上壓模。 
6. 浸泡在翻糖中，接著撒些冷凍覆盆子乾。最後擺在步驟4的甜甜圈上就完成了。 

SPECIAL DONUT

CHAPTER 3

深入研究
炸麵包的麵團

SHOP INFORMATION

pain stock

2010年成立於福岡市內一處住宅區一箱崎的甜甜圈專賣店第一家店。2019年，與福岡知名咖啡店「COFFEE COUNTY」合作，在天神中央公園內的餐飲設施「HARENO GARDEN EAST&WEST」中成立第二家分店。店內陳列100多種麵包，另外還設有酵母甜甜圈專區。目前也創建網路商店，將不容易變質、採用長時間熟成發酵的麵包運送至全國。

PAIN STOCK　天神店
福岡県福岡市中央区西中洲6-17
tel. 092-406-5178
8:00～19:00
週一和第1・第3個週二公休
instagram @pain_stock_tenjin

→ P.140

TOLO PAN TOKYO

位在東急田園都市線池尻大橋車站徒步2分鐘的站前商店街。由Cafe&Dining cupbearer股份有限公司的代表董事上野將人先生和曾經在「d'une rarete」（東京・青山）當學徒的田中真司先生2人共同於2009年創立。店內打造得像是一座車庫，陳列40～50種極具特色的麵包，像是拌入瑪黛茶的紅豆粒餡麵包「MODAN」，以及添加絹豆腐和豆漿等食材製作的吐司「東山」等。

TOLO PAN TOKYO
東京都目黒区東山3-14-3
tel. 03-3794-7106
8:00～17:00（賣完即歇業）
週二・週三公休
instagram@tolopantokyo

→ P.142

BOULANGERIE LA TERRE

原屬於1998年創業的西式甜點店「La Terre」，後來2002年時烘焙部獨立出來，並且於東京・三宿設店。以「自然生活」為主題，使用以日本國產小麥麵粉為首，能親自接觸每位生產者的國內食材。店內陳設70多種麵包，包含石窯焙烤的硬麵包、活用北海道小麥風味的吐司，以及對麵團和內餡都十分講究的甜麵包等。現在除了三宿本店，預計在東京車站和品川車站設立分店。

BOULANGERIE LA TERRE
東京都世田谷区三宿1-4-24
tel. 03-3422-1935
8:00～19:00
週六・週日・國定假日
7:00～　不定期公休
laterre.com

→ P.144

THE ROOTS neighborhood bakery

2016年開幕於福岡市地下鐵七隈線藥院大通車站徒步3分鐘的住宅區。2022年9月店內進行裝修並重新開幕。該店主打"下酒麵包"的硬麵包系列，在11.5坪大小的空間內陳列50多種麵包品項。每週二晚上是「貝果日」，每週四晚上則是「貝奈特日」。在貝奈特日那天推出填入大量開心果奶油或印度奶茶風味奶油的貝奈特，限量販售。

THE ROOTS
neighborhood bakery
福岡市中央区薬院4-18-7
tel. 092-526-0150
9:00～19:00
週二定期公休
theroots.jp

→ P.146

Boulangerie Bonheur

店家距離東急線三軒茶屋車站徒步只要5分鐘，是目前擁有9家分店的「Bonheur」的創始店，2006年創立於茶澤大街。秉持「每30分鐘一定出爐一次」的企業理念，從賣場就直接能看到陸續從熔岩窯出爐的70多種麵包。最受歡迎的是填滿巧克碎片內餡的甜麵包「巧克力」，以及法國主廚監製的「可頌」等等。

Boulangerie Bonheur
三軒茶屋本店
東京都世田谷区太子堂
4-28-10鈴木ビル1F
tel. 03-3419-0525
8:30～20:00
全年無休
boulangerie-bonheur.jp

→ P.148

C'EST UNE BONNE IDÉE!

自由之丘店開幕於2021年12月，是「C'EST UNE BONNE IDE E!」（神奈川・向丘遊園）的第2家分店，同樣都是「365日」（東京・富谷）的杉窪章匡先生負責監督。店內提供80多種麵包，嚴選日本國產食材的同時也堅持使用店裡自製內餡。自由之丘分店的產品陣容中，除了馬拉薩達（夏威夷甜甜圈）外，使用布里歐麵團製作的甜麵包約占所有麵包的5～6成，另外還有多種該店家才有的限定商品。1天來客人次約有250人。

C'EST UNE BONNE IDÉE!
自由之丘店
東京都目黒区自由が丘2-15-7
tel. 03-6421-1725
10:30～20:00　週二・週三公休
instagram@cestune_
bonneidee_jiyugaoka

→ P.150

pain stock

BAKERY
FUKUOKA TENJIN

使用米湯種，將加水率提升至95%，讓麵團更具彈性

以微量酵母緩慢發酵，減少發酵臭味的產生，讓副食材的風味更純粹

麵團內產生大小不一的孔洞，吃起來像法蘭奇甜甜圈般柔軟輕盈

想要製作什麼樣的甜甜圈？

我喜歡咀嚼時Q彈的麵團好比在舌頭上跳動，然後口感像是法蘭奇甜甜圈般蓬鬆柔軟，由於內層有大小不一的孔洞，使得咬感更輕盈且俐落。「成熟大人風味甜甜圈」是一款即使放置一段時間，也不會產生小麥變質的油耗味和黏膩感的甜甜圈，可說是我理想中的甜甜圈。只要使用高含水量的麵團，就有辦法做到這一點。使用湯種的話，麵團過於有彈性，反而容易在口中結塊，因此使用米湯種來增加麵團的水潤感。另外，只加水的話，麵團不容易成形，因此添加冰塊，透過長時間攪拌，提高麵團緊實度。最後以高溫短時的方式油炸，麵團一放入鍋裡，要立即上下翻動2～3次，讓油炸用油能夠均勻滲透，避免產生油膩感。

如何讓甜甜圈蓬鬆有分量？

我想像的是像泡芙那樣，讓鬆軟的麵團受熱膨脹。麵團越大，油炸時吸油量就越多，所以嚴禁過度發酵。第一次發酵時使用微量酵母，然後多花點時間慢慢發酵，藉此控制麵團的膨脹程度，也避免產生發酵臭味。最終發酵則是短時間內讓麵團表面乾燥的程度就好。如此一來，只要表面水分蒸發，油脂就不容易進入麵團內部。油炸前的麵團體積是整形後的1.5倍大，其實不算大，但油炸過後會變成3倍大。麵團膨脹後，反而容易變厚重，因此我們添加了總粉量10%的蛋白。為了不讓雞蛋風味過於強烈，刻意不使用蛋黃，只使用蛋白有助於讓成品保持蓬鬆狀態。

成熟大人風味甜甜圈

攪拌
低速運轉3分鐘 → 中速運轉15分鐘 →
添加調整用的水,繼續中速運轉5分鐘
最終麵團溫度20度C

第一次發酵
廚房(18度C)・16小時

分割・滾圓
55g

中間發酵・整形
室溫(25度C,以下同)・1小時 →
圓圈狀

最終發酵
室溫・30分鐘

油炸
使用有機酥油(195度C〜200度C)
上下翻面2〜3次 → 1分鐘 →
上下翻面後再油炸1分鐘

收尾
糖霜 →
上火・下火皆240度C的烤箱・
5〜10秒

INGREDIENTS(麵粉1kg,55個分量)

九州產・北海道產麵包用麵粉
　(「夢MUSUBI」熊本製粉)… 500g/50%
北海道產高筋麵粉(「春戀」橫山製粉)… 500g/50%
本和香糖 … 50g/5%
湖鹽(澳大利亞產)… 16g/1.6%
米湯種*1 … 300g/30%
蛋白 … 100g/10%
牛奶 … 500g/50%
冰塊 … 300g/30%
水(調整用)… 120g/12%
可可粉 … 120g/12%
奶油 … 250g/25%
速發乾酵母 … 0.3〜0.4g/0.03〜0.04%
有機酥油 … 適量
糖霜*2(收尾用)… 適量

*1　鍋裡放入米粉和40度C的熱水,米粉和水的比例為1:5,以小火加熱維持在65度C,用打蛋器攪拌均勻。呈現黏稠狀後關火,移至攪拌盆中並覆蓋保鮮膜,稍微置涼後再放入冷藏室裡冷卻。
*2　將糖粉和水以20:1的比例放入攪拌盆中,用打蛋器攪拌均勻。

1　除了調整用的水以外,其他食材全都放入攪拌機的攪拌盆中,使用螺旋式攪拌機先以低速運轉攪拌3分鐘,然後轉為中速運轉15分鐘,加入調整用的水之後,再以中速運轉攪拌5分鐘。最終麵團溫度為20度C。

　▶ 為了突顯可可風味,添加在麵團裡的砂糖量比較少,加鹽也不是為了調味,而是為了突顯其他食材的風味,所以砂糖和鹽的用量都不多。

2　將麵團移至塑膠盒中並覆蓋保鮮膜,靜置在溫度18度C的廚房裡16小時。
3　將麵團移至工作檯上,分割成每份55g並滾圓。排列在塑膠盒中並靜置在室溫(25度C左右,以下同)下1小時。
4　以手指按壓麵團中心處,然後以畫圓方式慢慢擴大中間的洞孔。
5　靜置在空調開啟的室溫下約30分鐘。

　▶ 靜置在室溫下是為了讓麵團表面適度乾燥,避免高含水量的麵團於油炸時吸收太多油脂。

6　鍋裡倒入有機酥油,加熱至195度C〜200度C,接著放入麵團,迅速翻面2〜3次。然後油炸1分鐘後,翻面再繼續油炸1分鐘。
7　撈起來置於網架上瀝油,並靜置在室溫下冷卻。將糖霜倒入托盤中,將甜甜圈單面沾裹糖霜。放入上火和下火皆為240度C烤箱中烘烤5〜10秒,讓糖霜變硬凝固。

老闆兼主廚　平山哲生 先生
1975年出生於福岡縣。大學畢業後在福岡縣內的烘焙坊當學徒,後來前往法國,在巴黎的「Le grenier à pain」進修,學成後回國。先是任職於「JUCHHEIM DIE MEISTER」,後來2010年在福岡・箱崎自行創業。目前擁有2家店鋪。

TOLO PAN TOKYO

BAKERY

TOKYO
IKEJIRI-OHASHI

增加水分量，製作濕潤麵團

添加澱粉「NEOTRUST®」，打造入口即化的口感

使用椿酵母種，活用香草的溫柔香氣

什麼是理想中的甜甜圈？

　　該店的人氣商品是「生甜甜圈」（370日圓）。目標是打造單純且溫和的味道，所以盡量抑制砂糖使用量，藉此控制甜味。取而代之的是加入少量香草豆莢醬來增添香甜氣息，提高甜點氛圍。在酵母種方面，選用沒有特殊氣味的椿酵母種「五島椿酵母」（五島之椿），以此襯托香草的溫和與香甜風味。以葡萄籽油為基底，混合不容易氧化的太白胡麻油作為油炸用油，麵團會吸附油脂，必須每天補充新油，有效減緩產生油耗味的情況。另外本店也十分講究口感，只需要輕鬆一口咬下，稍微咀嚼一下就能在口中輕輕化開。

如何打造入口即化的口感？

　　要做出入口即化、濕潤柔軟的口感，最大關鍵在於使用澱粉「NEOTRUST®」（J-OIL MILLS）。這種澱粉的特色是能夠吸收水分與油脂，並且保持麵團形狀。所以即便麵團含水量和含油量較多，容易因為柔軟而變形，只要添加這種澱粉，就能輕鬆整形並維持原有形狀，進一步打造入口即化的口感。除此之外，不僅使用一般白砂糖，也使用鎖水性佳的海藻糖，更進一步提升麵團的濕潤口感。麵團放入熱油中，立即上下翻面，關鍵在於高溫短時油炸。透過稍微油炸讓水分和油脂含量多的麵團表面變硬，然後迅速翻面，藉此讓甜甜圈蓬鬆且具有分量，同時也不會產生過於乾硬的口感。

CHAPTER 3

生甜甜圈

攪拌
低速運轉攪拌1分鐘 →
低中速運轉4分鐘 →
中高速運轉2分鐘 →
高速運轉3分鐘
最終麵團溫度為24度C

冷藏・第一次發酵
急凍櫃・30分鐘 →
0度C・濕度70%・1晚（至少12小時）

分割・滾圓・回溫
50g → 室溫（18度C）・
40分鐘（中心溫度18度C）

整形
圓圈狀

最終發酵
30度C・濕度70%・40分鐘

油炸
太白胡麻油＆葡萄籽油（180度C）
馬上翻面 → 50秒 →
上下翻面後再油炸50秒～1分鐘 →
調整兩面的油炸顏色10秒

INGREDIENTS（麵粉4kg，180個分量）
高筋麵粉（「KAMERIYA」日清製粉）… 4000g／100%
澱粉（「NEOTRUST®」J-OIL MILLS）… 120g／3%
水 … 1200g／30%
奶油（恢復至室溫）… 1200g／30%
牛奶 … 1400g／35%
鹽 … 72g／1.8%
白砂糖 … 320g／8%
海藻糖（「TREHA®」林原）… 320g／8%
蛋黃 … 1200g／30%
香草豆莢 … 48g／1.2%
椿酵母種（「五島椿酵母」五島之椿）… 40g／1%
油炸用油＊ … 適量
晶粒白砂糖（收尾用）… 適量

＊將太白胡麻油和葡萄籽油以2：3的比例混合在一起。

1. 將澱粉、水、奶油倒入食物處理機攪拌均勻。
 ▶ 這種澱粉具有吸收水分和油脂的特性，所以先攪拌以利吸收水分和油脂。

2. 將牛奶、鹽、白砂糖、海藻糖、蛋黃、香草豆莢放入直立式攪拌機的攪拌盆中，先以打蛋器充分混拌至鹽和白砂糖溶解。

3. 將步驟1食材倒入步驟2食材中，然後依序添加高筋麵粉、椿酵母種，以直立式攪拌機低速運轉攪拌1分鐘，低中速運轉4分鐘，中高速運轉2分鐘，高速運轉3分鐘。麵團不再附著於攪拌盆內側面就完成了。最終麵團溫度為24度C。

4. 將麵團置於烤盤上，覆蓋塑膠膜後放入急凍櫃30分鐘，讓麵團溫度降至0度C。然後置於溫度0度C・濕度70度的凍藏發酵箱裡1晚（至少12小時）。

5. 將麵團分割成每份50g後滾圓，置於室溫（18度C）下40分鐘左右，讓麵團中心溫度回復至18度C。

6. 以大拇指插入麵團中心，將麵團逐漸向外展開，使其產生1～2cm的圓洞。麵團整體的尺寸在直徑6～7cm左右。

7. 將麵團排列在鋪有烘焙墊的烤盤上，靜置在溫度30度C・濕度70度的凍藏發酵箱裡40分鐘。

8. 鍋裡倒入油炸用油，加熱至180度C，放入麵團後立即上下翻面，油炸50秒，然後上下翻面後再油炸50秒～1分鐘。最後花10秒鐘的時間將兩面顏色調整至淺褐色。

9. 置於網架上並立刻撒上晶粒白砂糖。

主廚　田中真司 先生
1979年出生於兵庫縣。曾在「d'une rarete」（東京・青山）服務6年，後來2009年時和第一任代表上野將人先生共同在池尻大橋創設「TOLO PAN TOKYO」，並且擔任主廚一職。2010年在世田谷代田創設「TOLO COFFEE&BAKERY」，目前擔任總主廚兼麵包主席研究員，致力於研究開發麵包，同時也從事麵包坊的企劃與講習活動的講師等工作。

BOULANGERIE LA TERRE

BAKERY

TOKYO MISHUKU

添加馬鈴薯，
打造濕潤
且紮實的口感

結合北方之香的甜味
和春之戀的Q彈口感，
提升麵團的存在感

麵團擁有絕妙甜味，
搭配甜餡料或鹹餡料
都非常適合

想要製作什麼樣的甜甜圈？

自從2017年在北海道・美瑛創設麵包・西洋甜點・料理複合店「Ferme LaTerre美瑛」以來，便和北海道結下深刻緣分，本店推出許多使用北海道當地食材所製作的商品。其中「原味馬鈴薯甜甜圈」就是一道以北海道為主題的商品。我們希望做出一款適合搭配甜餡料或鹹餡料，帶有麵包質感的麵團，在小麥麵粉方面，選用「道春」和「北方之香」以同比例混合在一起。「道春」是以100%春季播種的小麥春戀製作而成，充滿Q彈口感；而「北方之香」則是秋季播種的小麥，充滿豐富甜味。除此之外，添加北海道產的馬鈴薯片，製作充滿濕潤與彈性口感的麵團。將砂糖用量控制在麵粉總量的10%，有助於製作出風味更多樣化的商品。

如何打造既濕潤又紮實的口感？

為了不讓甜甜圈像蛋糕甜甜圈般過於酥脆，也為了讓甜甜圈像麵包一樣帶有彈性和嚼勁，所以使用高筋麵粉製作麵團。以大豆為原料的豆乳奶油取代一般奶油，不僅口感輕盈，對身體也更沒有負擔。另一方面，為了避免內層過於蓬鬆，通常不進行第一次發酵。最終發酵後的麵團溫度若過高，口感容易變乾燥，油炸過程中也容易變形，建議將發酵溫度控制在略低的25度C，並且發酵時間為1小時20分鐘～1小時30分鐘。過度發酵的麵團容易吸附油脂，所以發酵時間不宜過長。油炸時先將玄米油加熱至170度C，用手拿取一個一個放入油鍋中，如此一來，甜甜圈表面就會油炸得非常漂亮。當甜甜圈的上層與下層之間形成一條白線，代表油炸顏色和膨脹程度是最為理想的狀態。

原味馬鈴薯甜甜圈

攪拌
低速運轉攪拌3分鐘 → 中速運轉4分鐘 →
高速運轉4分鐘 →
加入豆乳奶油並以中速運轉攪拌3分鐘 →
高速運轉2分鐘
最終麵團溫度為24～26度C

第一次發酵
室溫（25度C，以下同）‧15分鐘

分割‧滾圓
70g‧圓柱狀

冷凍‧回溫
冷凍庫（－20度C）→
室溫‧1小時（中心溫度18度C）

整形
1次摺疊三摺‧1次摺疊二摺 → 圓圈狀

最終發酵
25度C‧濕度75%‧1小時20～30分鐘

油炸
玄米油（170度C）
油炸2分鐘 → 上下翻面後再2分鐘

INGREDIENTS（麵粉1kg，30個分量）

北海道產高筋麵粉（「道春」木田製粉）… 500g／50%
北海道產高筋麵粉（「北方之香」橫山製粉）… 500g／50%
北海道產馬鈴薯片（「Inkanomezame Flake」大望）… 100g／10%
北海道產海鹽（「鄂霍次克鹽」TSURARA）… 18g／1.8%
北海道產甜菜糖（「甜菜砂糖」大東製糖）… 50g／5%
晶粒白砂糖 … 50g／5%
生酵母 … 40g／4%
酵素改良劑（「IBIS azure」LESAFFRE）… 10g／1%
Acacia honey蜂蜜 … 50g／5%
加糖蛋黃（加糖20%）… 50g／5%
北海道產娟姍牛牛奶（千代田農場）… 350g／35%
水 … 360g／36%
豆乳奶油（「Soy lait Beurre」不二製油）* … 60g／6%
玄米油（「米糠白絞油」Oryza油化）… 適量
甜甜圈砂糖（收尾用）… 適量

＊將冷凍狀態的奶油切成1cm厚度，置於室溫（25度C，以下同）下軟化。

1. 將豆乳奶油以外的的食材全都放入直立式攪拌機的攪拌盆中，安裝鉤狀攪拌頭，先以低速運轉攪拌3分鐘，然後轉為中速運轉4分鐘，高速運轉4分鐘。
2. 加入置於室溫下變軟的豆乳奶油，先以中速運轉攪拌3分鐘，然後高速運轉2分鐘。麵團能夠延展成薄膜狀就算攪拌完成。最終麵團溫度為24～26度C。
3. 將麵團移至塑膠盒中，靜置室溫下15分鐘。
4. 將麵團移至工作檯上，分割成每份70g並滾成圓桶狀。
5. 排列在鋁製烤盤上，覆蓋塑膠膜並置於－20度C的冷凍庫裡冷凍。自冷凍庫中取出麵團，置於室溫下1小時左右，讓麵團中心溫度回溫至18度C。
6. 敲平麵團，整形成法國長棍麵包的形狀。橫向擺在面前，先從身體側和對側摺3摺，壓緊接合處。然後再從對側摺2摺，同樣壓緊接合處。滾動麵團調整成長度20cm。
7. 壓平其中一端，將另外一端確實包捲起來。
8. 將麵團排列在聚酯帆布上，放入溫度25度C‧濕度75%的小型發酵箱中1小時20分鐘～1小時30分鐘。
9. 置於室溫下3～5分鐘讓表面乾燥，然後放入加熱至170度C的玄米油中，每面各油炸2分鐘。
10. 置於網架上瀝油。稍微置涼後，趁微熱撒上甜甜圈砂糖。

主廚 根津義紀 先生
1968年出生於山梨縣。在當地麵包店工作數年後，21歲時前往東京，並於東京全日空飯店（現ANN InterContinental Hotel東京）當學徒並累積經驗。之後擔任The Peninsula東京的烘焙師，並於2021年起擔任該店主廚。

THE ROOTS neighborhood bakery

BAKERY

FUKUOKA YAKUIN-ODORI

使用相當於總粉量30%的奶油，打造如布里歐麵團般的濃郁風味

使用相當於總粉量50%的牛奶，再搭配水合法，靜置一晚以提升麵團濕潤度

使用魯班種，製作不黏膩且嚼感佳的麵團

希望製作什麼樣的貝奈特甜甜圈？

我們希望製作出一口咬下，濃郁奶油香氣就會在口中四溢的「貝奈特」（194日圓），目前共推出4款填有奶油內餡的甜甜圈。麵團像布里歐麵包一樣層次風味濃郁且層次感豐富，即便填入大量濃郁的卡士達醬，也不會過於厚重，麵團和奶油一起在口中融化，而且口感濕潤。製作質地比自家布里歐麵團更輕盈柔軟、比奶油麵包所使用的甜麵包麵團更加香醇且濕潤的麵團，奶油用量介於布里歐麵團和甜麵包麵團之間，大約是總粉量的30%。水分方面以牛奶為主，打造充滿溫柔奶香味的柔軟口感。另一方面，使用蔗砂糖來突顯小麥風味，補足整體的濃郁感。

如何增加濕潤口感？

高含水量麵團在油炸後，入口即化的表現會更好，所以將加水率調整至75%左右。嘗試使用湯種以提高吸水率，但因為口感變得過於有嚼勁，於是改用米湯種，用量為總粉量的5%。除了低筋麵粉外，也搭配吸水性佳的高筋麵粉。為了打造輕盈口感，嘗試以相同比例的方式製作，但結果缺乏彈性，也無法打造蓬鬆感，幾經嘗試後，最後調整為高筋麵粉和低筋麵粉的比例為7：3。

另一方面，提升濕潤感的關鍵之一是放在冷藏室一晚，進行水合作用。添加生酵母並搭配魯班種，藉此降低麵團的pH值，減少麩質的形成，這樣就能製作出咬勁俐落且不黏牙的口感。

CHAPTER 3

貝奈特

攪拌
低速運轉攪拌5分鐘 →
中速運轉6分鐘 →
水合法／冷藏室（5度C）・一晚 →
添加生酵母、魯班種、米湯種，
然後低速運轉1分鐘 →
添加奶油後低速運轉7分鐘 →
中速運轉4分鐘
最終麵團溫度為15度C

第一次發酵
室溫（22～23度C，以下同）・
30～40分鐘

分割・滾圓
60g

冷凍・回溫
冷凍庫（−4度C）→
室溫・1小時（中心溫度20度C）

整形
圓形

最終發酵
28度C・濕度75%・2小時30分鐘～ →
室溫・10分鐘

油炸
芥花籽油（160度C）油炸3分鐘 →
上下翻面後再油炸3分鐘

INGREDIENTS（麵粉1kg，40個分量）

A
- 北海道產低筋麵粉（「SIRIUS」NIPPN）… 300g／30%
- 高筋麵粉（「Painnouation」NIPPN）… 700g／70%
- 鹽 … 18g／1.8%
- 蔗砂糖 … 100g／10%
- 牛奶 … 500g／50%
- 加糖蛋黃（加糖20%）… 300g／30%

B
- 生酵母 … 30g／3%
- 魯班種*1 … 100g／10%
- 米湯種*2 … 50g／5%

奶油*3 … 300g／30%
芥花籽油 … 適量
砂糖*4（收尾用）… 適量

*1　2016年開業時使用黑麥培養初始原種，並且1天進行1次續養。在攪拌盆裡放入600g初始原種、1kg準高筋麵粉（NIPPN「CLASSIC」）、550g的水、10g麥芽糖漿，使用螺旋式攪拌機低速運轉攪拌6分鐘。置於室溫（22～23度C）下5小時左右後，放入冷藏室裡保存。

*2　（以下，容易製作的分量）在攪拌盆裡倒入300g，溫度為90度C的熱水。接著一口氣倒入100g米粉，以打蛋器攪拌至滑順。稍微置涼後覆蓋保鮮膜，放在冷藏室裡冷卻。

*3　置於室溫下變軟。

*4　晶粒白砂糖和糖粉以2：1的比例混合在一起。

1. 將A食材以螺旋式攪拌機（以下同）低速攪拌5分鐘，接著轉為中速運轉6分鐘。將麵團移至塑膠盒中，覆蓋保鮮膜並放在5度C冷藏室裡一晚。

2. 正式開始揉麵團。將步驟1和B食材倒入攪拌盆中，同樣使用螺旋式攪拌機低速運轉揉麵團1分鐘。加入奶油後，先以低速運轉7分鐘，接著轉為中速運轉4分鐘。最終麵團溫度為15度C。

3. 將麵團移至塑膠盒中，靜置於室溫（22～23度C）下30～40分鐘。

4. 將麵團移至工作檯上，分割成每份60g並滾圓。將麵團排列在冷凍烤盤上，放入−4度C的冷凍庫中冷凍。自冷凍庫中取出麵團，置於室溫下1小時左右，讓麵團中心溫度回溫至20度C。

5. 麵團移至工作檯，用手滾動麵團並調整成圓形。將棉布鋪在木板上，再將麵團排列在上面，放入溫度28度C・濕度75%的凍藏發酵箱中2小時30分鐘。
   → 發酵情況因季節而異，必須隨時觀察麵團狀態並適時取出。發酵後的麵團膨脹至發酵前的2.5倍大就完成了。

6. 置於室溫下10分鐘，讓表面乾燥。

7. 將芥花籽油倒入鍋裡並加熱至160度C，放入麵團油炸3分鐘，上下翻面後再繼續油炸3分鐘。

8. 置於網架上瀝乾，稍微放涼後整體撒上砂糖。

老闆兼主廚　三浦寬史 先生
1979年出生於岡山縣。曾在岡山縣內的麵包咖啡店、「ROUTE 271」（大阪・梅田）等地累積大約10年的學徒經驗。後來於2016年獨立創業，主打硬麵包，並於2022年9月將店鋪重新裝修後重新開幕。

BAKERY DONUT

Boulangerie Bonheur

BAKERY

TOKYO
SANGEN-JYAYA

透過湯種強化麵團的彈性。
花費2天精心製作，
帶來輕盈柔軟的口感

減少砂糖和鹽的使用量，
保持食材本身的味道，
更適合搭配多種風味

表面撒些芥子，
既可突顯麵團的美味，
也能增添口感與香氣

希望製作什麼樣的甜甜圈？

　　這款甜甜圈最初是在2014年，神奈川縣・元住吉店開幕時所研發的商品。當初希望製作各個年齡層都會喜歡的麵包，但後來研發出來的是「充滿小麥香氣且口感Q彈的甜甜圈」。為了讓客人能夠品嚐麵團本身的純粹風味，所以提供簡單撒上晶粒白砂糖的「原味」、「黃豆粉砂糖風味」和填有發泡鮮奶油的「Q彈夾心甜甜圈」3種品項。部分分店會獨自推出變化版，像是「餅乾奶油夾心甜甜圈」等限定商品。甜甜圈在每家分店都深受顧客喜愛，總店甚至出現過1天賣出200個甜甜圈（全品項合計）的盛況。

為什麼使用湯種？

　　為了讓客人充分品嚐小麥風味，使用湯種來打造Q彈且帶有嚼勁的口感。而製作湯種時，關鍵在於使用煮沸的熱水。另外，因麵團含水量高，必須多花點時間攪拌，才能製作出好比麻糬般既有光澤且延展性佳的麵團。麵團普遍偏軟，所以整形後必須透過冷凍讓麵團變紮實。從製作到油炸需要2天的時間，但費時費力的製程讓即便使用湯種的麵團也不會過於厚重，而且口感輕盈，容易食用。油炸前也有重要技巧，那就是自冷凍庫取出麵團後，先放入凍藏發酵箱中回溫，並且讓麵團表面完全乾燥。這個步驟讓麵團不會吸附過多油脂。最後撒些芥子，咀嚼時香氣在口中蔓延，讓人忍不住一口接一口。

原味Q彈甜甜圈

培養湯種
低速運轉2分鐘 → 中速運轉2分鐘 →
靜置於冷藏室（5度C）一晚以上

攪拌
低速運轉3分鐘 → 中速運轉7分鐘 →
高速運轉8～10分鐘
最終麵團溫度為26度C左右

第一次發酵
約28度C・濕度80%・1小時

分割・滾圓
80g・圓桶狀

中間發酵
約28度C・濕度80%・1小時

整形
圓圈狀

冷凍
冷凍庫（-10度C）・1～2小時

最終發酵
36度C・濕度80%・1小時

油炸
沙拉油（180度C）
油炸2分鐘 → 上下翻面後繼續油炸2分鐘

INGREDIENTS（24個分量）

湯種（容易製作的分量）
高筋麵粉（「KAMERIYA」日清製粉）… 1000g
鹽 … 50g
熱水[*1] … 620g

正式揉捏麵團
高筋麵粉（「KAMERIYA」日清製粉）… 700g
速發乾酵母（saf・紅）… 9g
鹽 … 5g
晶粒白砂糖 … 20g
麥芽[*2] … 6g
湯種 … 取上計分量的615g
水 … 500g
酵素改良劑（「IBIS azure」LESAFFRE）… 5g
酥油 … 60g
芥子 … 適量
沙拉油 … 適量
晶粒白砂糖（收尾用）… 適量

[*1] 確實加熱至沸騰。
[*2] 使用和麥芽同分量的水混合在一起。

1. 製作湯種。將所食材放入直立式攪拌機的攪拌盆中，先以低速運轉攪拌2分鐘，接著中速運轉2分鐘。將麵團置於室溫（25度C）下放涼，然後覆蓋保鮮膜並放在冷藏室（5度C）裡一晚以上。
2. 正式揉捏麵團。將所有材料放入直立式攪拌機的攪拌盆中，先以低速運轉攪拌3分鐘，接著中速運轉7分鐘，高速運轉揉捏麵團8～10分鐘。最終麵團溫度為26度C。
   → 麵團表面光亮，像麻糬一樣具有延展性就完成了。
3. 麵團移至塑膠箱中，以溫度28度C左右・濕度80%發酵1小時。
4. 將麵團移至工作檯上，分割成每份80g並滾成圓桶狀。置於溫度28度C左右・濕度80%的凍藏發酵箱中1小時，進行中間發酵。
5. 用雙手將麵團滾成長條狀，將兩端相接並輕輕捏緊成圓圈狀。
6. 在麵團表面撒芥子，放入冷凍庫中1～2小時，直到麵團完全結凍。
7. 置於溫度36度C・濕度80%的凍藏發酵箱中1小時。
8. 放在室溫下10分鐘左右，麵團表面乾燥後放入加熱至180度C的沙拉油中，油炸2分鐘後，上下翻面再繼續油炸2分鐘。
9. 置於網架上，稍微放涼後，整體撒上晶粒白砂糖。

店長　山本悠生 先生
1991年出生於新潟縣。曾在當地烘焙坊當過學徒，修業結束後就職於DONQ公司。之後曾在新潟縣和東京都內數間烘焙坊工作，後來因「深受與顧客近距離互動所吸引」，於2019年進入「Boulangerie Bonheur」任職，自2021年起擔任現職。

C'EST UNE BONNE IDÉE!

BAKERY
TOKYO
JIYUGAOKA

口感柔軟，入口即化。
使用HANAMANTEN小麥麵粉，
散發小麥原有的甘甜香氣

利用蛋白提升熟度，
打造輕盈咬感

使用全蛋增加濃郁感。
藉由魯班液體發酵種
抑制雞蛋腥臭味

想製作什麼樣的馬拉薩達（夏威夷甜甜圈）？

本店的向丘遊園分店雖然沒有位在市中心，但依舊推出許多獨具個性的麵包，而當初開發馬拉薩達（夏威夷甜甜圈）（237日圓），出發點就是希望製作出小朋友也會喜歡的麵包。本店堅持使用日本國產食材，所以馬拉薩達也是全部使用日本國產食材製作而成，內餡部分同樣嚴選優質素材精心製作。為了呈現日本產小麥特有的香氣與甜味，混合使用「夢香」和「HANAMANTEN」小麥麵粉（前田食品）。不同於圓圈狀的甜甜圈，馬拉薩達沒有洞孔，所以有更長的時間可以細細品味麵團美味。我們十分重視「麵團口感」，於是製作出這款入口即化，讓人吃完還想一再回味的馬拉薩達。除此之外，厚重油味容易影響咬感，使用玄米油打造清爽又輕盈的口感。

使用2種高筋麵粉的理由？

只使用夢香高筋麵粉的情況下，雖然能製作出口感柔軟的麵團，但整體顯得過於輕薄，透過添加HANAMANTEN高筋麵粉，既可突顯香甜氣息，也可以增加麵團的存在感。日本國產小麥本身具有製作出彈牙口感的特性，但為了避免過於Q彈，麵團裡額外添加全蛋。蛋白能使麵團容易熟透，也比較不容易出現黏稠感。而至於雞蛋本身的腥味，則透過魯班液體發酵種和本和香糖加以巧妙遮掩。在製作過程中，最重要的關鍵是充分攪拌。攪拌能使麵團充滿氣泡，這樣既可打造入口即化的口感，也能增加嚼勁，油炸時麵團會確實膨脹。不過，為了避免油炸時過度膨脹而爆裂，拌入奶油之後會再添加鮮奶油和牛奶，藉此調整麵團柔軟度，並且透過排氣翻麵作業來排除氣體，提高麵團穩定性。

原味馬拉薩達
（夏威夷甜甜圈）

攪拌
低速運轉攪拌2分鐘、中速運轉15分鐘、
高速運轉3分鐘 →
加入奶油後，中速運轉15分鐘、
高速運轉3分鐘 →
加入鮮奶油和牛奶後，
低速運轉2分鐘、中速運轉5分鐘、
高速運轉2分鐘
最終麵團溫度為22～24度C

冷凍‧分割‧滾圓
保存於冷凍庫（－20度C）‧
1小時 → 60g

冷凍‧回溫
保存於冷凍庫（－20度C）→
焙烤前一天置於凍藏發酵箱（0～3度C）
中一晚回溫（中心溫度3度C）

第一次發酵
28度C‧濕度80%‧40分鐘～1小時

排氣翻麵
1次

中間發酵‧整形
28度C‧濕度80%‧30分鐘 → 圓形

最終發酵
溫度28度C‧濕度80%‧1小時

油炸
玄米油（180度C）
2分30秒 →
上下翻面後繼續油炸2分30秒

主廚　有形泰輔 先生
1985年出生於東京都。曾經在「POMPADOUR」股份有限公司進修7年，25歲時前往東京，就職於表參道的「Dune Rarete」。離職後遠赴法國進修，回國後擔任「C'EST UNE BONNE IDÉE!」（神奈川‧向丘遊園）的主廚。2021年12月，在自由之丘成立第二家分店。

INGREDIENTS（麵粉8kg，310個分量）

茨城縣產高筋麵粉
　（「夢香」前田食品）
　　… 7200g／90%
埼玉縣產高筋麵粉
　（「HANAMANTEN 100」
　　前田食品）… 800g／10%
全蛋 … 3200g／40%
水 … 2240g／28%
本和香糖 … 1440g／18%
鹽 … 120g／1.5%
速發乾酵母
　（saf‧金）*1 … 96g／1.2%
溫水（40度C）*1 … 800g／10%
魯班液體發酵種 … 800g／10%
麴種 *2 … 120g／1.5%
奶油（切片，冷卻狀態）… 1200g／15%
鮮奶油（乳脂肪含量35%）… 640g／8%
牛奶 … 480g／6%
玄米油 … 適量
甜菜糖（收尾用）… 適量

*1　將速發乾酵母和40度C溫水倒入鋼盆中，混合在一起。
*2　將上次培養的麴種、溫水、甜酒用米麴（生米麴‧OTAMAYA）、煮好的飯（YUYAJIME品種）以1：1：0.5：2.5的比例混合在一起，置於30度C環境下一晚，然後置於15度C的環境下6小時，最後使用榨汁機攪拌至滑順狀態。

1. 將全蛋、水、本和香糖、鹽放入直立式攪拌機的攪拌盆中，然後依序放入高筋麵粉、溫水溶解的乾酵母、魯班液體發酵種、麴種，裝上螺旋攪拌棒，以低速運轉攪拌2分鐘，接著轉為中速運轉15分鐘，高速運轉3分鐘。
2. 將沾附在攪拌盆內側的麵團刮下來，加入自冷藏室取出的切片奶油，先以中速運轉攪拌15分鐘，然後轉為高速運轉3分鐘。
3. 加入鮮奶油和牛奶，低速運轉攪拌2分鐘，然後轉為中速運轉5分鐘，高速運轉2分鐘。確認形成麩質，能夠延展成薄膜狀就完成了。最終麵團溫度為22～24度C。
4. 將揉捏好的麵團整形成團並置於冷凍烤盤上，覆蓋塑膠膜後放入冷凍庫（－20度C，以下同）1小時。
　→ 透過冷凍降低麵團溫度，不僅方便處理柔軟的麵團，也可以抑制發酵速度。
5. 將麵團分割成每份60g，再次排列在冷凍烤盤上並覆蓋塑膠膜，放入冷凍庫裡完全冷凍。焙烤前一天，改將麵團放入凍藏發酵箱（0～3度C）中靜置1晚，讓麵團中心溫度回溫至3度C。
6. 放入溫度28度C‧濕度約80%的發酵箱（以下同）中40分鐘～1小時。
7. 將麵團移至工作檯上，重新滾圓（排氣翻麵）。置於發酵箱中30分鐘，進行中間發酵。
　→ 透過輕輕滾圓的方式排除麵團裡的空氣，預防油炸時膨脹破裂。
8. 將麵團移至工作檯上，輕輕滾圓，確實捏緊收口處後，放入發酵箱中靜置1小時。
9. 油炸鍋裡倒入玄米油並加熱至180度C，將麵團放入熱油中油炸2分30秒，上下翻面後繼續油炸2分30秒。
10. 置於網架上瀝油，靜置在室溫（20度C～25度C）下15分鐘左右讓表面乾燥。整體撒上甜菜糖。

TITLE

甜甜圈聖經

STAFF

出版	瑞昇文化事業股份有限公司
編著	柴田書店
譯者	龔亭芬

創辦人 / 董事長	駱東墻
CEO / 行銷	陳冠偉
總編輯	郭湘齡
文字主編	張聿雯
美術主編	朱哲宏
校對編輯	于忠勤
國際版權	駱念德　張聿雯

排版	二次方數位設計　翁慧玲
製版	明宏彩色照相製版有限公司
印刷	龍岡數位文化股份有限公司

法律顧問	立勤國際法律事務所　黃沛聲律師
戶名	瑞昇文化事業股份有限公司
劃撥帳號	19598343
地址	新北市中和區景平路464巷2弄1-4號
電話	(02)2945-3191
傳真	(02)2945-3190
網址	www.rising-books.com.tw
Mail	deepblue@rising-books.com.tw

初版日期	2025年9月
定價	NT$520／HK$163

ORIGINAL JAPANESE EDITION STAFF

撮影	馬場わかな（下記以外）
	天方晴子（P.20、86–99、139、144–145、148–151）
	川島英嗣（P.121–125）
	安河内 聡（P.139–141、146–147）
	佐々木孝憲（P.139、142–143）
デザイン	三上祥子（Vaa）
取材	村山知子（P.86–99）
	坂根涼子（P.122–125）
	諸隈のぞみ（P.139、144–145）
	松野玲子（P.139、148–149）
	笹木理恵（P.139、150–151）
編集	井上美希（柴田書店）

國家圖書館出版品預行編目資料

甜甜圈聖經 = The donut book/柴田書店編著；龔亭芬譯. -- 初版. -- [新北市]：瑞昇文化事業股份有限公司, 2025.09
　152面；18.8X 25.7公分
ISBN 978-986-401-837-6(平裝)

1.CST: 點心食譜 2.CST: 商店管理

427.16　　　　　　　　　　　114010185

國內著作權保障，請勿翻印／如有破損或裝訂錯誤請寄回更換
DONUT BOOK
edited by SHIBATA PUBLISHING Co., Ltd.
Copyright © SHIBATA PUBLISHING Co., Ltd. 2024
Chinese translation rights in complex characters arranged with
SHIBATA PUBLISHING Co., Ltd.
through Japan UNI Agency, Inc., Tokyo